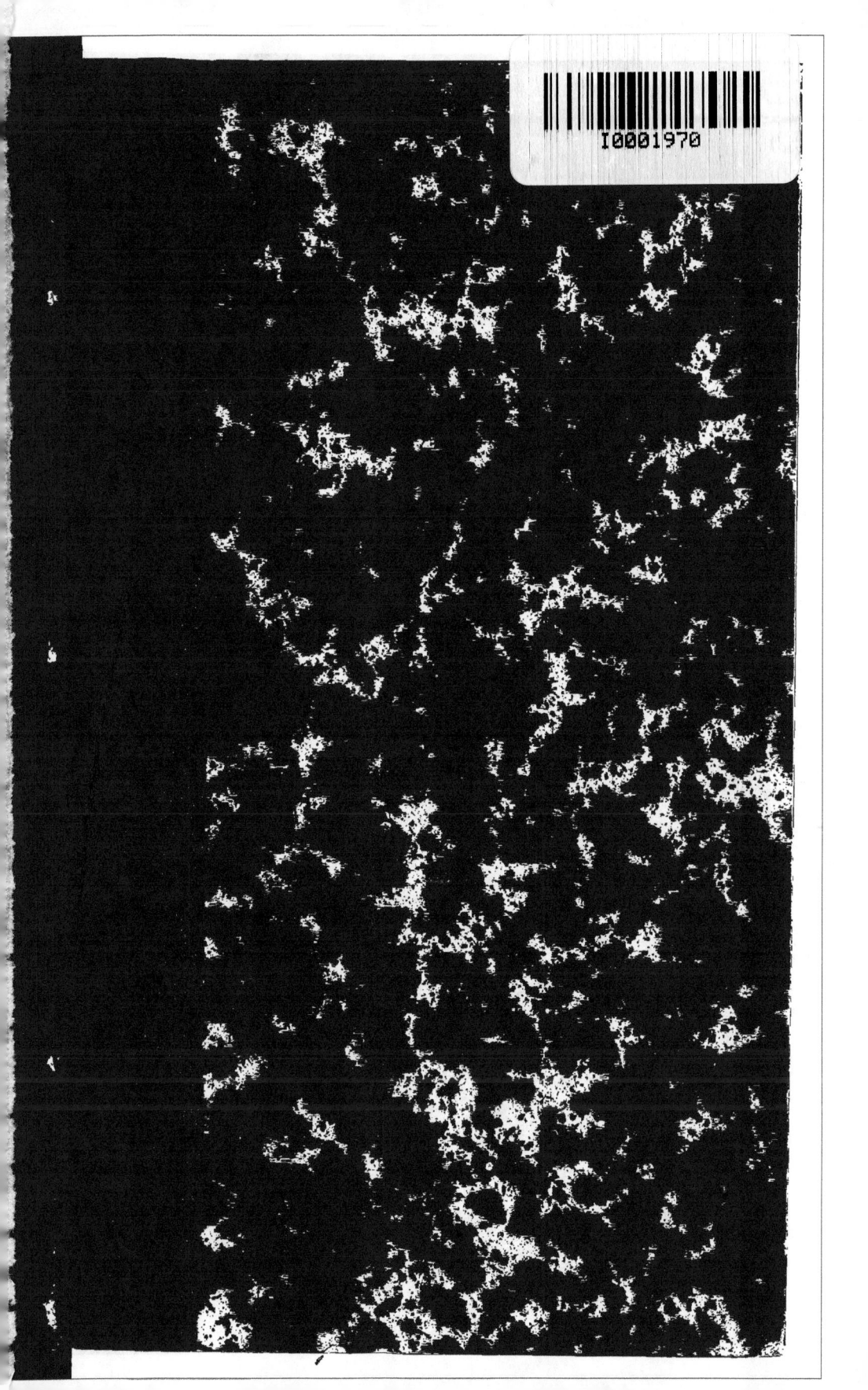

S

28107

LE PHYLLOXERA

ET

LES VIGNES DE L'AVENIR

SAINTES, IMPRIMERIE DE P. ORLIAGUET

LE PHYLLOXERA

ET LES

VIGNES DE L'AVENIR

Par P. GUÉRIN

Membre de plusieurs Sociétés d'Agriculture

PARIS

LIBRAIRIE AGRICOLE DE LA MAISON RUSTIQUE

26, RUE JACOB, 26

1875

©

A M. DROUYN DE LHUYS

Président de la Société des Agriculteurs de France
Membre de l'Institut
et de la Société centrale d'Agriculture

———————

Hommage respectueux d'un Collègue dévoué, au Président d'une Société qu'il a faite ce qu'elle est, lui donnant pour mission de travailler, avec ardeur, à la solution des grands problèmes agricoles et sociaux.

P. GUÉRIN.

AVANT-PROPOS

Le Phylloxera et les Vignes de l'Avenir étaient au tiers édités, lorsque parurent à la librairie Delahaye, les Vignes américaines, de M. J.-E. Planchon.

Après avoir longuement consulté ce livre et y avoir puisé des détails fort intéressants, j'en ai fait, en terminant, de nombreuses citations dans l'intérêt du public auquel j'ai l'honneur de m'adresser. Ces détails appartiennent à tous les viticulteurs, puisqu'ils résultent d'une mission officielle donnée par la Société centrale de l'Hérault. Le Conseil général de ce département, les Chambres de commerce de Montpellier, de Cette et la Société d'Agriculture du Vaucluse ont voulu également y prendre part en lui votant des subsides; M. le Ministre de l'agriculture lui-même l'a acceptée « avec une abnégation (si) généreuse (que) tout en s'associant à cette œuvre (il l'a placée) directement sous les auspices du corps dont » M. Planchon s' « honore d'avoir été le délégué. » Aussi son ouvrage est-il le livre de la science pour tous, avec d'excellentes descriptions sur les vignes américaines, empruntées aux meilleurs spécialistes et

notamment au Catalogue illustré de MM. Bush et
Cie, propriétaires et pépiniéristes à Saint-Louis
(Missouri)? (Je saisis, en passant, cette occasion
pour remercier ces Messieurs de l'envoi de l'opuscule qu'ils m'ont si gracieusement offert, l'an
dernier). Néanmoins, les VIGNES AMÉRICAINES tout
en étant une œuvre de science sont peut-être encore
une œuvre de parti pris. Elles sont loin, en tout cas,
de résoudre la question d'origine ou d'importation
du *Phylloxera* et l'idée fixe de l'auteur s'y montre
partout, comme dans ses écrits les plus récents.
« Sans s'arrêter à réfuter point pour point les idées
contraires, soutenues par M. Laliman et par la Commission d'enquête préfectorale de la Gironde, » il
s'empresse, (fin décembre), d'écrire des notes sur la
découverte phylloxérique d'Annaberg, et ne prend
même pas la peine de contrôler l'exactitude des
nouvelles accusations qu'il porte, d'un cœur léger,
contre les vignes américaines de Bonn [1]. La science

---

[1] Voici des preuves : le docteur Blankenhorn a reçu, en 1855, des
cépages américains qu'il a plantés aux environs d'Heidelberg ; M. Laage
et M. Schwit, d'Erfurt, en ont reçu directement du Missouri, qu'ils cultivent, sans qu'on puisse trouver la moindre trace de *Phylloxera* dans
tous ces vignobles. Je dois même ajouter, c'est à remarquer, qu'à
l'heure actuelle, les vignes d'Annaberg, incriminées par M. Planchon,
n'offrent aucun indice du terrible fléau. Les cépages du même envoi
plantés à Sans-Souci, près de Postdam, n'ont également aucun signe de
maladie. Néanmoins rien ne peut arrêter les accusateurs. Les pays
intéressés protestent toutefois par leur conduite ! La Prusse qui défend
l'importation des plants français, autorise ou fait venir des Etats-Unis
des quantités de vignes américaines, convaincue que le salut est là et
que le danger vient d'ailleurs !

elle-même, cependant, condamne l'opinion de
M. Planchon. « Le *Phylloxera* ne reste pas, dit-elle,
pendant six ans dans une localité à l'état latent,
sans y faire des ravages qui signalent sa présence (Cornu). » « On comprend que, si l'aphidien
pouvait demeurer aussi longtemps dans un vignoble sans y donner signe de vie, il faudrait
renoncer à l'espoir de s'en débarrasser, rien n'a-
vertissant de sa présence, pendant la période
chronique, et le mal, favorisé par les circonstances,
pouvant néanmoins passer à l'état aigu et fou-
droyant, sans que rien l'eut fait prévoir (M. Dumas,
de l'Académie des sciences)[1]. »

Comment attribuer ensuite la mortalité des
vignes des environs de Bonn à des pucerons apportés, en 1866, avec des *Isabella*, des *Catawba*, des
Ives seedling, des *Maxatawney*, etc., lorsqu'il est
reconnu que ces cépages eux-mêmes ne résistent
pas plus de deux ou trois ans aux attaques de
l'aphis! Le temps que les vignes d'Annaberg ont
mis à révéler les symptômes du mal prouve, avec
une évidence incontestable, que l'insecte ne s'est
jeté sur elles que dernièrement et qu'elles ne peuvent pas avoir importé, il y a *neuf* ans, comme le
dit M. Planchon, les *Phylloxeras* qui s'y montrent
aujourd'hui.

Les VIGNES AMÉRICAINES ne décrivent pas non
plus, malgré leur titre, l'*avenir* des cépages des

---

[1] *Messager agricole* du 10 février.

États-Unis en Europe. Elles n'apprennent « certainement pas le moyen d'empêcher, dans une certaine mesure, la propagation de l'insecte[1]. »

Quoi qu'il en soit, ce petit volume. qui doit rendre quelques services, appelle enfin l'attention des viticulteurs sur des vignes jusque-là méconnues. Il met en évidence leurs qualités, que certains hommes de science ou à parti-pris refusaient, hier encore, d'accepter ou de reconnaître. Il commence la *réhabilitation* de ces cépages, si « longtemps ou inconnus ou *calomniés au-delà de toute mesure* (Planchon), » par celui-là même qui, sans le vouloir, a peut-être le plus contribué, avec ses écrits, à les discréditer dans l'esprit des masses, qui n'ont ni le temps de tout lire, ni celui de se faire un jugement avec connaissance de cause.

Après, comme avant la publication des Vignes américaines, le Phylloxera et les Vignes de l'avenir ont donc leur raison d'être, mais ils ont l'avantage de combler une lacune moins grande, puisque l'on est maintenant assez heureux pour posséder le livre de la science. Puisse le mien devenir celui de la pratique et apporter de nouveaux éclaircissements à des questions si graves et si controversées !

Château de Fonfrède, par Roullet (Charente), Avril 1875.

[1] M. Barral, *Journal d'Agriculture* du 6 mars.

PRÉFACE

Super aspidem et basiliscum ambulabis :
et conculcabis Leonem et draconem.

Psaume 90.

Dans le principe, nous n'avions pas l'intention
de parler du Phylloxera, sujet si bien traité par les
Riley, les Signoret, les Balbiani, les Girard, etc.,
nous voulions seulement résumer ce qui avait été
dit, sur les cépages des États-Unis et les avantages
qu'ils peuvent offrir à la viticulture.

Lorsque nous eûmes écrit quelques pages, sur ces
vignes si calomniées et sur lesquelles la lumière
commence à se faire, nous nous sommes aperçu
que notre travail serait incomplet, s'il négligeait de
parler de *la dernière maladie de la vigne*. N'était-ce
pas le Phylloxera, en effet, qui mettait en évidence
ces précieuses variétés américaines, à peine connues et possédées seulement par quelques privilégiés

1

de la fortune et de l'intelligence ! Sans l'Oïdium et
le Phylloxera, on n'eût jamais tiré de Saint-Louis
ou d'Augusta (Amérique du Nord), des Labrusca,
des Œstivalis, des Cordifolia, des Rotundifolia, des
Candicans, des Lincecumii !

Pour lutter contre l'Oïdium, il y a plusieurs
années, un illustre spécialiste, M. Laliman, s'était
empressé d'essayer ces cépages, cultivés, jusque-là,
dans les jardins botaniques, à simple titre de
curiosité. Son heureuse inspiration eut un plein
succès ; ses vignes firent merveille, et l'élite de la
Viticulture européenne voulût, à son tour, faire
l'essai de ces précieux cépages.

La vieille école, ou, pour mieux dire, la routine,
ne devait pas rester longtemps indifférente à ces
premiers triomphes d'un chercheur érudit. L'esprit
de jalousie, sottement surexcité, se tenait en éveil
et guettait sa proie, afin de mieux saisir la première occasion favorable, qui pût précipiter au pied
de la Roche tarpéienne, l'homme assez audacieux
pour vouloir mettre les cépages américains au
Capitole de la viticulture.

La routine est si puissante, en France, grâce aux
vieux préjugés d'un siècle qui a perdu l'habitude de
la réflexion, qu'on verrait plus facilement un fleuve
remonter vers sa source que les hommes de notre
époque revenir, d'eux-mêmes, au sentiment du vrai

et du bien. Notre siècle est gros de préjugés et fourmille d'erreurs difficiles à combattre !

La routine et l'envie s'étaient donc donné la main, au sujet des vignes américaines ; elles se l'étaient donnée, peut-être à leur insu, peut-être comme on se la donne, tous les jours, dans les questions politiques, pour renverser un rival, sauf ensuite, à vider ensemble la querelle, en champ clos ; enfin, elles se l'étaient donnée et attendaient l'heure favorable d'intervenir à propos. Leur attente ne devait malheureusement pas être de longue durée ; le moment fatal arrivait à tire d'aile.

Après la maladie du Cryptogame, à laquelle échappaient les cépages des États-Unis et que combattait avantageusement la fleur de soufre, éclate un mal, jusqu'alors inconnu, dit-on, et que la science appelle *Phylloxera vastatrix*.

Certains cépages résistent seuls à ce terrible fléau, parmi ceux qui résistaient déjà à l'Oïdium ; pour le coup, l'envie ne se contient plus, et le monde viticole, voulant à toute force résoudre la *question d'origine*, lui offre enfin l'occasion, désirée depuis si longtemps !

Le mal doit être étranger à l'Europe ; il doit venir d'Amérique ; ce sont les cépages des États-Unis qui l'ont importé ; telles sont les premières idées émises par elle, puis la routine s'en mêle et fait opposition. La science, interrogée, répond d'abord d'une manière évasive ; les preuves, ne s'offrant pas assez vite ou bien faisant défaut, on en invente ; on torture celles que l'on peut avoir ; on fait parler le mensonge et l'erreur, et le monde entier, finalement, sur ces preuves erronées, commence à se bâtir une conviction ; puis des hommes de science arrivent, qui, basant leurs dires sur toutes ces erreurs, affirment, à leur tour, leurs fausses théories ; les convictions se font là-dessus, et l'erreur demeure triomphante ! Le tour est joué, comme l'on dirait dans un certain monde. Mais, si bien joué qu'il soit, on ne peut empêcher au bon sens public de se faire jour ! Si bien *embastillée* que soit la vérité, tôt ou tard, il faut bien qu'elle éclate !

Deux camps, fort distincts, se sont formés, dès cette époque, l'un accusant les cépages des États-Unis de l'importation du mal, l'autre attribuant le fléau à des causes non encore déterminées, mais, en aucune façon, aux cépages du Nouveau-Monde.

Ces divergences d'opinion nous ont donc obligé à parler longuement du puceron, de son origine et de l'inefficacité de tous les moyens employés pour lutter contre l'aphidien, avant d'en arriver à la dernière ressource sur laquelle puissent compter ceux qui possèdent des terres, de petite production viticole, avant d'en arriver aux *vignes de l'avenir*, dont la raison d'être, en Europe, est moins leur excessive abondance et la qualité de leurs produits, que leur résistance au Phylloxera et à tous les fléaux connus.

En terminant, nous avons hâte de dire que nous sommes sans parti-pris, dans une question aussi grave que celle qui va nous occuper. Notre intention n'est pas, non plus, d'écrire un livre de longue haleine, ni d'exposer des théories nouvelles; ce serait difficile, puisque l'on prétend qu'il n'y a rien de nouveau sous le soleil. Nous sommes praticien, avant tout, et ne voulons, par conséquent, exposer que des faits acquis, les idées des autres, même au détriment des nôtres !...

Notre but est donc de réunir, dans l'intérêt de la viticulture, en général, ce que l'on dit, ce que l'on sait, ce que l'on écrit, puis d'en tirer les conséquences qui s'imposent d'elles-mêmes.

Cuique suum, omnibusque lux aut veritas.

Telle doit être la devise de tout homme qui peut dire, avec le poète :

Nil humanum a me alienum puto.

Comme exorde, au *Phylloxera et aux Vignes de l'avenir*, donnons, pour un instant, la parole à « l'homme de cœur, l'homme d'honneur, l'homme de valeur, » que plus de dix Sociétés agricoles ou scientifiques ont récompensé de plus de dix médailles d'or, justement méritées.

Avec l'espoir d'être utile à tous, sans nuire à personne, nous avons la conviction de n'être pas désagréable à un de nos collègues les plus distingués, en donnant la publicité à la lettre dont il nous avait honoré, lorsqu'il avait appris notre désir de faire paraître un travail, sur les cépages de l'Amérique !

Mon cher Collègue,

Vous avez été un des premiers propagateurs des vignes américaines en France, vous voulez les réhabiliter aujourd'hui, c'est juste et nécessaire : juste, parce qu'il ne faut pas laisser fausser les vérités historiques; nécessaire, parce qu'il ne faut pas persévérer dans une fatale erreur, dont le moindre inconvénient est de n'admettre ces vignes que *comme pis aller*, et seulement en des lieux déjà infestés par le Phylloxera, tandis qu'elles doivent pénétrer partout, soit pour peupler nos vignobles de sujets précieux à tous les points de vue, soit pour les défendre contre l'Oïdium et l'insecte vastatrix, lorsqu'ils apparaîtront. Nécessaire enfin, parce qu'il importe de réhabiliter le bon sens en notre pays si dévoyé, lequel, en plein dix-

neuviéme siècle, crée déjà le blocus provincial[1],
et ce, non contre les vignes étrangères seulement,
mais contre les vignes françaises, elles-mêmes,
sous prétexte que des boutures de vignes, même
non *enracinées*, peuvent introduire l'aphydien,
comme s'il n'avait pas des ailes et ne narguait pas
les décrets rendus dans le Rhône, la Suisse, la
Prusse, etc.

Si les vignes américaines ont nourri, de temps
immémorial, le Phylloxera, en Amérique, comme
on le dit, d'où vient qu'elles en meurent, aujour-
d'hui, et qu'elles n'en mouraient pas, naguère?

Comment, il y a trois ans que l'on connait que :
« les vignes labrusca résistent, en Amérique comme
» en France, aux assauts du Phylloxera. Greffez,
» disait-on, vos vignes françaises dessus et vous
» les sauverez! et aujourd'hui ces mêmes vignes
» succombent, dans le Missouri comme en France!
» elles meurent partout!... » Et ce fait si éloquent
ne prouve pas, à certains hommes, qu'il suffit pour

---

[1] Les préfets du Rhône, de l'Indre, etc., défendent l'introduction des
vignes françaises et étrangères, mais non l'importation des arbres fruitiers, comme si le Phylloxera n'avait pas été vu sur les racines des
fruitiers de toutes espèces : Ou tout l'un, ou tout l'autre !

établir *la non origine exotique du Puceron !*... Puisque à moins d'admettre, pour le nord de l'Amérique, la génération spontanée, il faut que l'insecte, *qui est indigène à l'Europe*, ait été importé, dans le Missouri, *depuis peu d'années*, ainsi que l'affirment les Américains ; puisque enfin cette non résistance des labrusca suffit à elle seule pour établir que le Puceron aurait détruit, anéanti, depuis des siècles *ces types de vignes américaines*, qu'il détruit si bien aujourd'hui, si l'aphis, indigène à l'Amérique, avait de tout temps existé dans le Nouveau-Monde.

Comment, on m'a accusé d'avoir reçu le Phylloxera de la Géorgie d'Amérique, ainsi que mon voisin M. Chaigneau, qui a partagé, avec moi, l'envoi de vignes fait par M. Berckmann en 1866 ! et M. de Baulieu m'écrit encore, ces jours-ci, qu'en octobre 1874 le Phylloxera est introuvable en Géorgie, *même sur les vignes françaises*. Nous ne pouvons le voir nulle part, dit-il, même sur les racines de ceps de chasselas, en plein vent, contre les murs ou dans les serres !...

Comment, M. Pulliat de Chiroubles (Rhône), a reçu de moi des vignes américaines, ainsi que de la Géorgie ; en 1872, M. Durieu de Maisonneuve, directeur du Jardin-des-Plantes de Bordeaux, en a aussi reçu de la Géorgie, portées *enracinées* par M. de Beaulieu ; plusieurs propriétaires en ont aussi reçu, dans la Gironde, depuis mon envoi, et qui n'ont pas la maladie ! vous-même en avez reçu d'*enracinées*, provenant de même source, et vous ne possédez pas l'aphis, non plus que, dans la Haute-Marne, le général de Paillières ; dans Seine-et-Oise, M. de Villemorin ; enfin, dans la Seine, les Jardins-des-Plantes et d'Acclimatation, qui ont aussi reçu, *de même provenance et de moi-même*, des vignes, soi-disant empestées ! Et si l'on a trouvé le Phylloxera dans le Rhône, on l'a trouvé à trois lieues de Chiroubles, tandis que les Sociétés d'Agriculture et M. le docteur Planchon lui-même l'ont, en vain, cherché, en août 1874, dans l'enclos de M. Pulliat, là où existent des vignes américaines mélangées aux ceps français.

Si ce parti-pris de soutenir l'invraisemblable doit vous choquer, combien votre étonnement et celui du public seront-ils plus accentués encore, lorsqu'on apprendra qu'une enquête, faite par une

commission officielle dans la Gironde, sur l'origine
du Phylloxera, est cachée, depuis deux ans, par ceux
qui ont reçu les subsides de l'État pour la publier, et
que, si quelques exemplaires ont pu paraître, c'est
aux frais de deux membres de la Commission
officielle.

Enfin, lorsqu'on publiera qu'en Suisse, où l'on
cultive des vignes américaines depuis de longues
années, ce n'est pas du tout sur elles, ni auprès
d'elles, que le Puceron a été trouvé, mais à Prégny,
près de Genève, sur des plants du pays et de Bordeaux, c'est-à-dire sur le *carbenet souvignon*, que
l'on nous dit ici invulnérable!... Puis, dans les
serres du baron de Rothschild, et ce sur des *vignes
européennes*, provenant d'Angleterre et envoyées,
en 1867, en Suisse [1].

Vous voyez, cher collègue, que l'histoire du
Phylloxera est encore à écrire, et qu'avec des faits
pareils, vous pouvez facilement réhabiliter les
vignes américaines, combattre l'origine du Phyl-

[1] Le Phylloxera était déjà décrit en 1862 par Westwood, naturaliste
anglais, et il a paru, même année, en Portugal, non sur des vignes américaines, comme on l'a dit, mais sur des vignes portugaises.

loxera dans le public, parmi ceux chez qui il reste une parcelle de bon sens non encore *phylloxéré!*

Je vous désire donc succès et bonne chance, et vous prie d'agréer l'expression de la reconnaissance de votre affectionné collègue.

LALIMAN.

Bordeaux, 7 janvier 1875.

LE PHYLLOXERA

ET

LES VIGNES DE L'AVENIR

LA DERNIÈRE MALADIE DE LA VIGNE

Une maladie des plus terribles s'est révélée, depuis environ douze ans, sur un de nos plus précieux végétaux, la *vitis vinifera* ou les vignes de la vieille Europe. Ses effets *foudroyants* ont appelé l'attention du monde viticole tout entier, et les praticiens comme les savants se sont efforcés d'en analyser les faits, afin d'en étudier la cause.

Après bien des recherches, la théorie a tâché de se mettre d'accord avec la pratique, mais la question est encore loin d'être résolue, et cette *dernière maladie, qui n'est sans doute pas nouvelle*[1], n'a malheureusement point encore fait un pas, *vers une solution certaine ou prochaine,* depuis 1862, époque de son apparition en Angleterre! Sa cause est si profondément cachée qu'il a fallu bien du temps, avant de découvrir à quoi l'on devait attribuer le fléau actuel. Partout où les vignes sont atteintes du mal qui les détruit, on trouve aujourd'hui, sur les racines, un insecte qui ne les quitte qu'au moment où la décomposition organique est complète, c'est-à-dire lorsque les *organes premiers et essentiels* de sa nu-

---

[1] En 1767, 1768, 1769, 1770, et 1771, les vignes de la Champagne, et notamment les cantons d'Avize et de Vertus (Marne) furent ravagés par des insectes, désignés sous le nom de pucerons, dont les allures étaient en tout semblables à celles du *Phylloxera.*

(*Progrès,* de Saintes).

trition sont *pourris*, par suite de la piqûre désorganisatrice d'un parasite jusqu'alors inconnu, soit qu'on ne l'eut pas cherché, ou qu'il n'existât pas où il se trouve actuellement.

ENTOMOLOGIE DE L'INSECTE

Le *Phylloxera*, tel est le nom de genre de cet insecte, est un animal articulé, c'est-à-dire dont le corps et les appendices (antennes et pattes) sont formés par des articles successifs (Girard); il appartient à l'ordre des *hémiptères homoptères*; c'est un aphidien ou vrai puceron *suçeur*, muni d'une trompe (suçoir) articulée et droite, se repliant, au repos, au-dessous de la poitrine; il a l'avantage d'avoir une nombreuse série de générations, sans mâles, où les femelles mettent au monde des petits vivants. Comme tous les *hémiptères homoptères*, ses ailes (quatre), lorsqu'il les a ou qu'il lui en vient, sont membraneuses, dans le genre de celles des cigales.

On prétend qu'il a toujours existé aux États-Unis, sous le nom de *Pemphygus*, seulement comme il y était produit, principalement, dans des galles fixées sous les feuilles, il n'y tuait pas les vignes du pays. En France, au contraire, où il vit complètement sur les racines et s'y fixe, par sa trompe enfoncée dans l'écorce, il suce et décompose la sève, grâce à ses générations successives, développées sans le concours d'aucun mâle. On connaît deux formes distinctes de femelles, pondant toutes des œufs, les unes sans ailes, les autres ailées. Nous allons emprunter au livre si instructif de M. Maurice Girard, docteur ès-sciences, quelques détails scientifiques fort intéressants sur l'organisation et les mœurs du *Phylloxera*[1] :

1° *Femelles aptères et Larves*. — Pendant toute la belle saison, on trouve, sur les racines des vignes

---

[1] *Le Phylloxera de la vigne*, par M. Maurice Girard. (Librairie Hachette.)

malades, les *phylloxeras* privés d'ailes, qui sont le
principal agent de la destruction et de la pourriture
des racines. Si on les observe à l'état où ils peuvent
donner leur funeste postérité, on voit en eux des
insectes dodus et renflés, ayant un peu l'apparence
de petits poux, d'une couleur d'un brun jaunâtre,
ayant environ 3/4 de millimètre de long sur 1/2 de
large.

L'insecte présente un corps arrondi en avant,
atténué en arrière, partagé, en segments, par des
sillons transversaux, dont les premiers portent six,
les suivants quatre rangées de petits tubercules. La
tête se replie un peu en dessous du corps; elle
porte, sur les côtés, deux yeux bruns, composés de
nombreuses facettes. L'existence de ces organes de
vision dénote un animal qui, bien que souterrain
d'habitude, peut avoir besoin de venir à la surface
du sol et de se diriger à la lumière du jour. En
avant sont deux fortes antennes, organes de l'odo-
rat et de l'ouïe. Elles ont trois articles, les deux
premiers gros et courts, le dernier en massue
allongée, ridée en travers, l'extrémité taillée en
biseau oblique. Une trompe assez grêle ou bec, formée, en réalité, de quatre articulations, se recourbe
droite ou oblique, très souvent, sous la tête. Elle
semble constituée par trois soies, une centrale,
deux divergentes; on y reconnaît le suçoir de la

2

punaise, composé de quatre lancettes articulées qui
entrent dans la peau, les deux externes correspondant aux mâchoires des insectes suceurs, les deux
internes à leur lèvre inférieure. Ici les deux pièces
internes accolées forment la soie centrale, les deux
autres constituent une gaîne, et la sève de la racine
monte, par capillarité, dans l'espace intermédiaire.
Le premier tiers du suçoir, seulement, entre dans
l'écorce de la racine. Les pattes sont courtes et
grêles.

Cette femelle fixée pond autour d'elle, l'extrémité
de l'abdomen s'allongeant alors, en petits tas, des
œufs bien ellipsoïdes, d'abord d'une couleur d'un
beau jaune soufre, puis prenant peu à peu une
teinte grisâtre et enfumée; ils mesurent 0^{mil} 24 de
long sur 0^{mil} 13 de large. Au bout d'environ huit
jours sort de cet œuf une larve, qui ressemble, sauf
la taille, à la mère pondeuse. Les petites larves
sont d'un jaune un peu verdâtre, et ont les pattes,
les antennes et la trompe relativement plus grandes que chez l'adulte aptère. Elles sont errantes
d'abord et agiles, remuant vivement les pattes et
surtout les antennes, qu'elles élèvent et abaissent,
l'une ou l'autre, alternativement; on dirait qu'elles
s'en servent, en marchant, comme de béquilles. Au
bout de trois ou quatre jours, la petite larve a
choisi sa place, se fixe par son suçoir enfoncé, et

demeure en place. Les jeunes larves n'ont qu'un article aux tarses (partie extrême de la patte) ; plus tard, elles en prennent deux. Elles subissent des mues, à mesure qu'elles absorbent les sucs de la vigne et détruisent sa vitalité. Ces mues sont au nombre de trois, espacées de trois à cinq jours, et les jeunes larves sont dépourvues de tubercules saillants, signe de l'état adulte. Les larves qui se préparent à muer s'allongent beaucoup dans la région postérieure, qui se recourbe souvent un peu en dessus, montrant l'anus. C'est à peu près au bout de vingt jours que la femelle sans ailes est adulte, et pond, pendant un temps mal connu, et chaque femelle, une trentaine d'œufs. Le nombre des générations annuelles se succède, dans le midi, du 15 avril environ au 1er novembre, et dans le Libournais et les Charentes, à partir de la première quinzaine de mai. On évalue à huit, mais sans certitude, le nombre des générations de l'année, ce qui, à trente œufs par mère, donne en octobre une postérité de vingt-cinq à trente millions de sujets, pour un seul individu du printemps, ce qui explique la progression effrayante de la maladie.

2° *Femelles ailées.* — Dans cette espèce polymorphe, certains insectes, peu nombreux relativement aux aptères, présentent deux mues de plus, qui les amènent à cet état supérieur des insectes doués de la locomotion aérienne. Certaines larves laissent apercevoir, sous la peau (M. Cornu), les rudiments de fourreaux d'ailes. Après changement de peau, on voit sur les côtés du corps deux moignons noirs, fourreaux des ailes supérieures, et, en les écartant en dessous, ceux plus petits des inférieures (M. Cornu). Ces nymphes sont plus allongées que les adultes aptères, comme un peu étranglées vers le milieu; une dernière mue se produit, et l'insecte ailé paraît et sort de terre. C'est surtout sur les renflements (Lecoq de Boisbaudran et Cornu) que se montrent les nymphes d'où sortiront les ailes, alors que les renflements des radicelles se détruisent; cependant, j'en ai vu aussi sur les racines.

L'insecte ailé est plus grand que l'aptère, atteignant parfois un millimètre et demi de long. Les ailes, au nombre de quatre, dépassent beaucoup le corps, les antérieures de moitié, larges et arrondies au bout; les postérieures, plus étroites et plus courtes. Elles sont claires, un peu enfumées au bout. L'insecte les agite, les étale, les replie verticalement, comme un papillon. Elles ont de fortes nervures brunes et sont irisées. Il se retourne et marche avec agilité, tellement qu'on le perd aisément de vue. C'est véritablement un bon voilier pour sa taille, se précipitant d'un bout à l'autre du tube où on l'étudie, et volant avec rapidité dans les grands bocaux, contenant les renflements chargés de nymphes.

Il faut perdre cette illusion, que ce chétif insecte ne sait pas voler, et que, s'il tombe sur des champs sans vignes, il est condamné à mort. Il doit parfaitement, au contraire, prendre son essor, jusqu'à ce qu'il ait gagné un courant d'air propice, dont il s'aide à la façon des acridiens dévastateurs, et qui le porte à de grandes distances pour propager le mal et fournir les taches de l'année suivante. La tête large montre en dessous deux yeux très noirs, bien circulaires, appareil de vision panoramique. Un suçoir existe, semblable à celui de l'aptère, car l'animal suce le suc des jeunes feuilles ou des bourgeons de vigne. Le corps est plus grêle que chez l'aptère, les pattes et les antennes plus longues. La couleur est d'un jaune un peu terne, avec une bande brune irrégulière sur le dos, le bout de l'abdomen appointé en angle assez obtus. Il y a une certaine ressemblance avec une cigale microscopique et avec ces cicadelles verdâtres et sautillantes, si communes en automne.

Cette femelle ailée, qu'on observait, cette année, en août et en septembre, sur les plus beaux pampres des vignes du Libournais et de la Saintonge, pond dans les duvets des jeunes feuilles et des bourgeons (Balbiani) de deux à quatre œufs. Ceux-ci sont plus gros que les œufs des aptères des racines, et plus ovales qu'ellipsoïdes. Il sont de deux grandeurs, les uns de 0^{mil} 40 de long sur 0^{mil} 20 de large, les autres de 0^{mil} 26 sur 0^{mil} 13. Ces œufs sont d'un blanc jaunâtre au moment de la ponte, plus translucides que ceux des aptères, ne deviennent pas avec le temps aussi foncés que ceux-ci, mais seulement d'un jaune plus intense, surtout les gros œufs, les petits restant plus clairs (Balbiani).

3° *Insectes sexués.* — Des gros œufs précédents naissent des femelles aptères, des petits des mâles aptères. Ces deux sexes ne doivent vivre que pour la reproduction, car ils manquent de suçoir tous deux ; il se réduit à un mamelon court et aplati (Cornu, Balbiani). La femelle a le troisième article des antennes pédonculé, ce qui n'existe ni chez le mâle, ni chez les autres types de cette espèce polymorphe. Il est très probable, à l'instar de l'espèce du chêne ordinaire, que l'accouplement des sexués permet à la femelle de pondre un œuf unique, l'*œuf d'hiver* (Balbiani)[1]. On ne sait pas encore où cet œuf est déposé, ni s'il éclot avant l'hiver ou seule-

---

[1] M. Balbiani a reconnu, depuis l'impression de l'ouvrage de M. Girard, la reproduction de sexués *aptères* provenant de femelles *aptères*, sur les racines de la vigne.

ment au printemps, points pratiques d'un intérêt considérable pour détruire la funeste engeance; l'accoûplement sert, comme chez les aphidiens et les cocciens, à renouveler la fécondité multiple et successive de l'espèce, dont la vitalité finit par s'épuiser. Les larves sorties de ces œufs normaux, précédés de l'accouplement, s'enfoncent ensuite en terre.

Telle est l'histoire presque complète de la vie évolutive du *Phylloxera*, d'après les observations de MM. Maurice Girard, Signoret, Lichtenstein, Planchon, Balbiani, Cornu et Laliman.

ORIGINE DU PHYLLOXERA

D'où vient le *Phylloxera?*

Est-il originaire d'Asie, d'Amérique, d'Angleterre, d'Espagne, de Portugal ou de France?

Cette question intéressante n'a point encore été résolue. Bien peu sont d'accord sur ce terrain brûlant. Son origine ou sa provenance, nous écrit un illustre viticulteur des États-

Unis, ne sera probablement jamais résolue ;
il nous semble tout aussi plausible d'admettre que les Portugais, les Espagnols et les
Français l'aient disséminé, avec leurs vignes,
dans les anciennes colonies, que d'adopter
un *Phylloxera* indigène à l'Amérique, et il
serait tout aussi raisonnable d'admettre que
chaque continent possédait le sien. « Ce qu'il
y a de plus triste, c'est de voir des hommes
de science nier les faits, torturer la vérité,
afin de soutenir une thèse émise un peu à la
légère. »

On accuse les Américains de nous avoir
envoyé leur *Phylloxera* ; ils nous accusent, à
leur tour, de leur avoir donné le nôtre.

Un des amis de M. le baron Thénard,
présenté par lui à la section de viticulture de
la Société des agriculteurs de France, le disait,
l'an dernier, devant tous les membres présents,
en réponse à la demande que nous avions

l'honneur de lui adresser à ce sujet. Le *Phylloxera* américain était inoffensif ; leurs vignes
prospéraient avec le *pemphygus*, tandis qu'elles
meurent, depuis qu'on a importé aux États-
Unis des vignes d'Europe, depuis qu'on y a
importé notre *Phylloxera !*

D'autres entomologistes, comme M. Laliman, sont persuadés que le puceron est tout
autant un habitant de la terre que de la vigne ;
on a la preuve, aujourd'hui, qu'il vit tout aussi
bien sur d'autres végétaux, arbres, arbustes,
que sur la *vitis vinifera* (on le verra dans
l'enquête annexée à la fin de ce volume),
et la découverte de M. Marès est venue jeter
une nouvelle lumière sur cette grave question.
Si l'on trouve dans la terre, *dans des mottes
de terre*, des nids de *phylloxera*, entourés
d'œufs ; si l'on trouve des pucerons sur les
racines d'arbres, l'aphidien peut vivre ailleurs
que sur les racines de la vigne. Il pouvait, dès

lors, exister avant la découverte qui en a été faite par MM. Sahut, Bazille et Planchon. Un fait se dégage de cette facilité d'existence ou, plutôt, en découle : c'est l'impuissance de la science à atteindre l'insecte, d'une manière absolue. Cette facilité d'existence est effrayante et ne nous laisse aucun espoir ; il faut que la maladie fasse son temps ! Tant qu'elle sévira sur nos vignobles, quoi qu'on dise, quoi qu'on fasse, les vignes d'Amérique seront notre unique ressource. Ceux-là même qui leur attribuent l'importation du terrible suceur, en conseillent la culture, loin de vouloir les proscrire de France. D'après les théories de ces mêmes savants, MM. Planchon et Lichtenstein, qui les condamnent et les conseillent tout à la fois, on admet que le puceron est originaire d'Amérique.

Sur quelles données précises s'appuie cette croyance ? Sur des dires erronés, qui, malheu-

reusement, ont fait article de foi, pour beaucoup de personnes, trop promptes à se faire
un jugement.

Notre affirmation nécessite des preuves,
les voici, *d'après l'enquête préfectorale sur
les cépages américains dans la Gironde
et, par extension, dans les départements
vinicoles et partout ailleurs, relativement
à l'origine et aux ravages exercés par le
phylloxera.*

Les recherches et patientes investigations,
faites par M. Riley, le savant entomologiste
américain, ont établi que « l'état normal du
puceron de la vigne, aux États-Unis, est de
vivre sur les parties foliacées de la plante,
tandis qu'en France, il n'y a été que très accidentellement constaté, et encore ses qualités
physiques ne sont pas d'un absolue ressemblance avec celui des racines où il est toujours. »

L'insecte des galles n'a qu'un article aux tarses, tandis que celui de France en a deux. L'insecte d'Amérique n'a pas, sur le dos, ces tubercules, fort apparents sur le *Phylloxera* d'Europe (Riley). Le *Pemphygus* est plus rond que le *Phylloxera vastatrix ;* ses jambes sont plus longues, plus robustes (Planchon).

« Enfin, ses mœurs, ses habitudes et ses appétits sont différents, puisqu'en Amérique les cépages qui y résistent le plus (Planchon) succombent souvent en France (Laliman), tel que le Concord. »

Si l'on ne peut pas admettre une identité parfaite, entre les *Phylloxeras* d'Amérique et ceux que nous avons, en Europe, on ne peut pas affirmer davantage qu'ils aient été importés d'Amérique en Europe.

Voici ce que nous apprend l'enquête officielle :

Les *Isabella* et les *Catawa* qui se trouvent plantés, dans la palus de Floirac, chez Madame veuve Barousse et M. Raba, n'ont point donné le *Phylloxera* aux cépages indigènes qui les entourent ; ceux-ci n'ont aucune apparence de souffrance; ils sont pleins de vigueur.

M. le maire de Saint-Médard-d'Eyrans, qui possède de ces mêmes plants, n'a point encore eu à s'en plaindre. M. de Joigny, à Floirac, jusqu'ici, n'en a fait que des éloges ; M. de Védrine, à Mouchac, et une foule d'autres propriétaires se trouvent dans les mêmes conditions.

M. le baron Pichon, M. Laffite, M. Latapie, maire de Naujan, etc., etc., ont reçu des *Clinton*, des *Delawarre*, des *Isabella* et des *Catawa* ; ces cépages n'offrent aucune trace de la maladie de la vigne et là où ils sont placés, on ne constate aucun dépérissement des cépages indigènes, qui offrent tous la plus belle apparence de végétation.

Un viticulteur de Macheteaux (Lot-et-Garonne), M. Tourès, cultive les cépages américains, que son père avait fait venir d'A-mérique, il y a cinquante ans environ, et sa localité est encore à chercher les désordres révélateurs de la présence du fatal insecte.

M. le comte Odart a reçu, de New-York, en 1828, des vignes qui n'ont jamais donné la maladie à leurs voisines indigènes, ni à celles qui les ont remplacées.

La Touraine, elle-même, est encore vierge de puceron, malgré les cépages américains, cultivés par la colonie de Mettray (Indre-et-Loire).

M. Geoffroy-Saint-Hilaire, directeur du Jardin d'Acclimatation, à Paris, cultive, depuis longtemps, un certain nombre de cépages américains, qui n'ont eu jusqu'ici, ni eux, ni les vignes qui les entourent, la moindre trace du terrible fléau.

Le Jardin botanique de Dijon possède, depuis 1842, des *Labrusca, Isabella, Catawa,* etc., sans qu'il y ait eu, dans le pays, indice de la maladie, causée par l'aphidien.

L'Italie, notre voisine, est encore à se demander ce que l'on nomme *Phylloxera,* et cependant un grand viticulteur florentin, M. le marquis de Ridolfi, possède, en Toscane, depuis fort longtemps, plus de cent hectares de *vitis labrusca.*

Dans une lettre adressée de Porto, le 23 octobre 1874, à M. Laliman, de Bordeaux, M. Oliveira Junior, dont il sera parlé plus loin, écrit :

« C'est, pour moi, une question hors de tout doute que le *Phylloxera* n'est pas venu, pour le Portugal, dans les ceps américains. On l'aurait peut-être cru tout d'abord, parce qu'une

étude semblait le démontrer. » Mais aujour-
d'hui, il est impossible, si l'on est intelligent
et de bonne foi, d'accuser les vignes des États-
Unis de cette importation, puisque « la nouvelle maladie a commencé à montrer ses effets
en 1862, et que ce n'est qu'en 1864, que les
vignes américaines ont été introduites dans les
vignobles. »

A Régua, où il y a aussi des ceps américains, depuis 1864-1865, il serait difficile de
trouver le *Phylloxera*, et cependant Regua
n'est qu'à 15 kilomètres de Gouvinhas.

La Société d'Agriculture du Gard affirme et
soutient, avec M. Heuzé, inspecteur d'Agriculture, que le *Phylloxera* n'a pas débuté à
Tonnelle sur les vignes américaines et que
l'insecte est indigène à l'Europe.

M. Marin, maire de Roquemaure, écrit, de
son côté, que non-seulement « les vignes
américaines n'avaient pas été attaquées les

premières, mais qu'à Roquemaure, ce n'est qu'en 1868, qu'ont paru les premiers indices de la maladie, tandis qu'elle s'était montrée, dès 1863, sur la rive du Rhône opposée à Tonnelle. »

De tels exemples doivent faire autorité dans la question et ont déterminé M. Marès, grand viticulteur méridional, à affirmer que l'importation du *Phylloxera*, d'Amérique en Europe, n'est qu'une pure hypothèse, que rien n'est venu confirmer, avec preuve à l'appui.

M. le marquis de Lépine, président de la Société d'Agriculture d'Avignon, qui s'est tenu au courant de tout ce qui a été dit sur le *Phylloxera*, n'a pu trouver la preuve de l'hypothèse que les vignes américaines l'avaient introduit en France.

M. Pellicot, président du Comice agricole de Toulon, déclare lui aussi, que « par ce

3

qu'il en sait et ce qu'on en dit, il ne croit pas que les vignes des États-Unis aient apporté le puceron en Europe. »

MM. Planchon et Lichtenstein dont les théories font article de foi, sont seuls d'un avis opposé. M. Planchon est venu préciser le lieu (Gouvinhas, en Portugal), où a commencé l'apparition de la maladie[1].

Il cite, dit l'Enquête officielle, M. Oliveira Junior comme lui ayant appris que l'introduction des cépages américains à Gouvinhas était cause de la maladie en Portugal ; il faudrait pour que cette assertion eût une base solide, que ce savant entomologiste se fut mieux renseigné et que nous ne puissions pas opposer, à son affirmation précipitée, une preuve tirée des termes propres d'une lettre ainsi conçue :

[1] *Journal d'Agriculture pratique*, du 7 novembre 1872.

« Porto, 22 février 1873.

» Je crois que l'insecte n'est qu'un effet et *je ne crois*[1] *pas à son importation américaine.*

. » Tous les renseignements que je pouvais vous donner, vous les avez reçus de M. Lopo-Vaz, de Gouvinhas, etc.

» Signé : Oliveira Junior. »

Or, M. Lopo-Vaz, de Gouvinhas, dont le nom est rappelé par M. Planchon, dans son travail sur la matière, fournit la note suivante :

« C'est moi, le propriétaire qui ai le premier éprouvé, dans ce pays, les terribles effets de la maladie ; elle m'a ravagé déjà des vignes, qui produisaient plus de 5,000 hectolitres de vin.

---

[1] Page 39, on a vu que M. Oliveira Junior affirmait, le 23 octobre 1874, que les vignes américaines n'ont pas importé le puceron en Portugal.

» C'est vrai que j'eus, dans la vigne premièrement attaquée, quelques ceps américains et des autres greffés avec ce sarment ; *toutefois, nous avons reconnu que déjà, en* 1862, quarante ou cinquante ceps indigènes séchaient et que ceux, replantés à leur place séchaient également, tandis que les ceps américains *n'ont été introduits chez moi que de* 1863 *à* 1864. »

Ce qui donne à cette note un caractère d'authenticité irréfutable, c'est que M. Batalla-Reys, secrétaire général de la Société royale d'Agriculture de Lisbonne et attaché au Ministère de l'agriculture, déclare lui-même que les vignes américaines ont été introduites, chez M. Lopo-Vaz, de Gouvinhas, au moins un an après l'invasion de la nouvelle maladie de la vigne, en Portugal.

Si M. Planchon formulait son opinion d'une manière aussi légère ou aussi erronée, en

1872, MM. Planchon et Lichtenstein n'étaient pas plus heureux dans une autre appréciation, relevée le 7 mars 1872, dans l'*Union nationale*, de Montpellier.

M. Anez y faisait insérer la communication suivante, faite à l'Association scientifique de France :

« L'idée à l'aide de laquelle *Planchon et J. Lichtenstein* cherchent, depuis deux ans, à expliquer *l'origine* de l'aphidien, par son introduction sur les chevelus (plants *enracinés*), qui auraient été expédiés d'Amérique, à la pépinière de *Tonelle, à Tarascon, est une* IDÉE INVRAISEMBLABLE, cette supposition aurait pour conséquence de doter mon pays d'une triste célébrité, ainsi que le chef bien connu de cet établissement. »

Il serait difficile de s'expliquer comment *Tonelle* aurait été le berceau du *Phylloxera ;* à l'époque où la Provence constatait les ravages si considérables occasionnés par cet insecte, *Tonelle en était exempt.*

Les affirmations si précises de MM. Planchon et Lichtenstein, qui ont servi de base à tant d'opinions et fait école, tombent donc d'elles-mêmes, quelques efforts que fassent leurs auteurs, pour les soutenir, jusqu'à ce que le temps et le bon sens public en aient fait justice. Au reste, M. Planchon n'a pas la prétention d'être infaillible et aura, tôt ou tard, le courage de revenir sur ses erreurs. En 1869, il reconnaissait que « le *Phylloxera* avait toujours existé dans le pays et que les maux qu'il produit tiennent à des conditions particulières encore indéterminées, » qui disparaîtront sans doute « lorsque la nature reprendra son action pondératrice. » Il eut mieux fait, selon nous, de s'en tenir là, puisqu'il ressort des déclarations fournies à l'Enquête, autant par écrit que verbalement :

« Que cet aphidien pouvait être et pouvait exister dans les couches du sol où la vigne ou tous autres végétaux existent ; mais que rien, jusqu'alors, n'ayant obligé les viticulteurs et les hommes de la science à visiter scrupuleusement les racines de la vigne et ses feuilles, ces insectes étaient ignorés là où aujourd'hui on croit qu'ils font pâture des premiers sucs reçus par la vigne et qu'ils la tuent.

» Que pour qu'il fût exact de dire que le *Phylloxera* est d'origine américaine, il faudrait établir d'abord que son apparition coïncide avec la date de l'importation des cépages américains, alors qu'il est établi que sur bien des points de la France, même à l'étranger, à des dates très antérieures à l'invasion de la maladie, on cultivait les cépages américains et que pas un insecte de ce genre ne s'était révélé, ni aux feuilles, ni aux racines de la vigne, qui n'accusait aucune maladie semblable ou en était morte[1]. »

Mais, quand même ! M. Planchon ne veut pas avoir tort ! M. Planchon ne veut pas s'être trompé ! Nous allons, pour la plus grande édification de tous et seulement dans l'intérêt de la vérité, ajouter quelques lignes de plus, qui feront toucher du doigt le défaut de la cuirasse, à moins d'être comme les idoles des nations :

Os habent et non loquentur,
Oculos habent et non videbunt,
Aures habent et non audient [2].

La Géorgie est vierge de *phylloxera*, M. Le Hardy de Beaulieu nous l'a dit l'an dernier ; M. Berckmans nous apprend que pas un viticulteur ne peut signaler la présence de l'aphidien dans l'Arkansas, le Tennessée,

---

[1] Voir à la fin l'appendice : Enquête publiée par la commission départementale de la Gironde.

[2] Psaume 113.

l'Alabama, la Géorgie, la Louisiane, etc.,
M. Riley confirme ces déclarations. Ainsi, à
ce sujet, la pratique, le commerce et la science
se trouvent d'accord, ne permettant aucun
doute aux esprits, même les plus timorés.

M. Berckmans envoie, l'an dernier, à
M. Planchon une collection de vignes américaines; M. Planchon, accusant à M. Berckmans
réception de son envoi, lui écrit, le 28 mars
1874, qu'il a passé une journée entière à planter ces diverses variétés de vignes, mais qu'il
a « avant tout, visité, avec soin, les racines et
doit dire qu'il les a trouvées parfaitement
saines et sans trace de *Phylloxera*. Pour le
Seuppernong, ajoute-t-il, cela ne m'étonne
guère, mais je suis plus surpris de ne pas en
avoir trouvé sur les racines des autres plants. »

M. Planchon, le 28 mars 1874, écrivait
cette déclaration à M. Berckmans, malgré son
idée fixe de trouver l'aphidien partout en

Amérique. L'année ne devait pas s'écouler sans lui donner lieu de regretter cet aveu important, écrit dans un moment d'irréflexion et confié à une lettre privée.

Voulant à toute force trouver le puceron sur ces vignes, vierges de toute souillure tant qu'elles étaient restées dans les pépinières d'Augusta, M. Planchon dût faire de nouvelles recherches et pour ce, il dût les faire arracher, puisqu'elles étaient plantées. Mais lorsqu'il vint, au Congrès de Montpellier, déclarer, en face de l'élite de la viticulture européenne, le contraire de ce qu'il avait écrit, le 28 mars 1874, une protestation partit du fond de l'Assemblée. Sur l'observation qui lui était faite par M. Laliman et à laquelle il ne s'attendait pas, il se trouva dans la nécessité de déclarer : qu'il était vrai qu'il avait écrit dans ce sens à M. Berckmans, mais que depuis, sa conviction avait varié. En repassant ces plants à la loupe, il les avait trouvés, plus tard, garnis de pucerons ; il regrettait, en conséquence, sa trop grande précipitation qui lui valait cette interruption[1] !

Confession et confusion étranges, en vérité, lorsqu'on habite une région *phylloxerée* et un milieu qui ne peut plus être sain. Si l'on ne peut mettre en doute la bonne foi du savant professeur, sa versatilité excessive doit donner à réfléchir et enlever bien de l'importance à ses dires, bien de la puissance à ses arguments. Quand l'erreur a si facilement prise sur soi, on a, à bon droit, des raisons sérieuses de se défier et de dire :

Ab uno, disce omnes.

---

[1] « Aux États-Unis, écrit M. Planchon dans ses *Vignes américaines*, page 48, on l'a trouvé *partout* (le Phylloxera), où l'on a su *bien le chercher* ; mais, sauf les *cas exceptionnels*, il s'y montre bien *plus bénin* qu'en Europe, ne détruisant qu'un *petit nombre* de variétés, en affaiblissant quelques autres ; produisant parfois de très abondantes nodosités sur des cépages très vigoureux, mais attaquant rarement les radicelles moyennes et presque jamais le corps même des grosses racines. » L'auteur est dans l'erreur ; ses appréciations sont exagérées et font tort à sa science.

Il est bien établi aujourd'hui que ce ne sont pas les vignes envoyées de la Géorgie à M. Laliman qui ont introduit le fléau chez lui. Deux savants, MM. Ravenel et Berckmans, assistés de M. Le Hardy de Beaulieu, ont fait récemment une perquisition en règle, dans la localité d'où provenaient ces vignes, sans pouvoir en découvrir le moindre vestige. Les mêmes recherches ont été faites dans la Caroline du Sud, sans qu'il ait été possible d'y découvrir un seul puceron. La mortalité des vignes aux États-Unis est, au reste, attribuée aux ravages de la nielle ou à l'influence du *rot* ou du *mildew*.

Il est aussi reconnu, en Portugal, que ce ne sont pas les cépages américains qui ont importé le *phylloxera*. Les vignes qui ont été les premières atteintes provenaient d'Angleterre ; elles avaient été envoyées à un

Anglais d'Oporto, dont parle longuement une brochure de M. Oliveira Junior.

« Dans cette guerre d'ignorance ou de mauvaise foi » (Laliman), il est difficile de savoir où l'on s'arrêtera ; on a accusé des cépages américains de l'importation de l'aphidien en Helvétie, et il est établi actuellement : que les vignes importées provenaient d'Angleterre, où le mal existe depuis 1862, d'après le savant Westwood, et que *les cépages des États-Unis y sont encore indemnes.*

On attribue à des vignes américaines l'importation du mal, dans les environs de Bonn, où l'on vient de découvrir le puceron ; lorsqu'on aura consciencieusement vérifié le fait et les dires de chacun, on verra, une fois de plus, qu'on s'est encore trompé ! Déjà, le savant professeur Roesler de Klosterneubeurg est moins affirmatif à ce sujet ; il se contente d'écrire à M. Laliman *qu'on le croit* et ce qui mérite le plus d'être remarqué, c'est que le docteur Blankenhorn, de Calsruhe, établit sur des suppositions, l'accusation que tous les journaux s'empressent de publier, sans prendre aucun souci de la vérification du fait.

Voilà cinq ans que l'on défend en Prusse l'introduction de tout cépage français et autres, et s'il y a, à Bonn, des cépages des États-Unis, ils doivent s'y trouver depuis longtemps déjà! Comment auraient-ils attendu tant de temps pour éparpiller leurs insectes? Comment, à Heidelberg, à Celle, à Munich, etc., etc., il n'y a aucune trace de maladie, depuis plus de quinze ans qu'il s'y trouve des vignes américaines, et à Bonn l'on dit qu'il y en a et l'on accuse aussitôt certains cépages, sans se demander et sans chercher à voir si les *vitis vinifera* ne sont pas les seuls coupables.

Le *Phylloxera* existe dans la Prusse rhénane, d'où vient-il? Des cépages américains, s'il en existe dans la région. Voilà la réponse, sérieuse, réfléchie, que le public crie, faisant chorus à des savants qui peuvent l'avoir écrit d'un ton de magister. Des vignes indigènes, il n'est nullement question. Peu importe qu'elles aient eu, *avant ou en même temps*, tous les indices du mal, l'aphis ne peut venir d'elles !

Quant à nous, nous avons la certitude que

..... Tout est prévention,
Cabale, entêtement, peu ou point de justice.
C'est un torrent ; qu'y faire ?.....

(LA FONTAINE : Les Devineresses.)

Il en sera à Bonn, comme en Portugal et ailleurs ; notre expérience et notre connaissance des hommes et des choses suffisent pour nous convaincre de ce fait et nous donner le droit de l'affirmer, sans crainte, non d'être démenti mais qu'on puisse nous fournir des preuves irréfutables.

Pour nous, que notre amour de la vérité a

peut-être entraîné un peu loin, notre conviction est faite depuis longtemps. En voulant traîner aux gémonies de la viticulture les cépages de l'avenir, M. Planchon n'a pas pu commettre une mauvaise action[1], mais il a commis une faute grave, portant préjudice à la viticulture tout entière ; il a frappé de discrédit la seule ressource qui nous restait et son expérience des hommes et des choses aurait dû engager le savant professeur à mettre moins de précipitation dans ses affirmations, sur lesquelles allaient s'établir les jugements des masses, qui n'ont le temps ni d'étudier, ni de se rendre compte des faits. « Heureusement les erreurs passent, les vérités restent ; les

---

[1] Dans ses *Vignes américaines*, à la dernière page (236), l'auteur, pris d'un remords de conscience bien légitime, s'estime heureux d'avoir répondu aux premiers *désiderata* des planteurs de vignes américaines et s'empresse d'ajouter : « Nul ne désire plus que moi que cette expérience sur des cépages exotiques devienne inutile, grâce à des moyens *plus directs* de conserver nos vignes indigènes. En tout cas, ce ne sera pas peine perdue que d'avoir fait connaissance avec toute une catégorie de cépages longtemps ou inconnus ou CALOMNIÉS au-delà de toute mesure. »

subtilités n'ont qu'un temps, le bon sens et l'évidence des choses finissent toujours par triompher. » Nous croyons, avec celui qui a écrit ces magnifiques paroles, dans la *Revue des Deux-Mondes*, qu'il faut qu'il en soit ainsi et que l'heure est enfin venue d'en avoir la certitude absolue. Non, les cépages des États-Unis n'ont pas importé le puceron d'Amérique en Europe ! Non, le *Phylloxera* n'est pas originaire du continent découvert par Colomb ! Les montagnes de preuves accumulées, de toutes parts, suffisent pour l'attester.

Nous avons tout autant de foi dans la science de l'honorable M. Planchon que dans celle du docteur Riley, mais si savants que soient les savants, nous avons la preuve qu'ils ne sont pas infaillibles. Quand deux affirmations contraires se trouvent en présence, nous devons vérifier les faits sur lesquels on s'appuie, afin de voir de quel côté vient l'erreur, puis l'on

4

doit se ranger sous la bannière de ceux qui disent vrai. Si sympathique donc que nous soit M. le docteur Planchon, notre sympathie pour lui ne doit pas aller jusqu'à lui sacrifier la vérité !

M. Planchon est dans l'erreur ; M. Planchon a calomnié les vignes américaines : l'expérience et les faits sont là pour le prouver.

Mais, dira-t-on, si le *Phylloxera* n'est pas américain, alors dites-nous d'où il vient. A ceux qui nous adresseront cette question, nous répondrons que nous n'avons pas entrepris de le dire, ni de le prouver. Nous avons seulement entrepris de réfuter l'origine américaine de l'aphis français et l'accusation injuste dont l'envie, la routine et, quelque peu, la science avaient chargés les vignes des États-Unis.

Avant d'aller plus loin, nous devons effleurer une question qui touche indirectement au sujet que nous traitons. Nous voulons parler de l'effronterie punique d'une certaine classe commerciale.

La dernière maladie de la vigne a fait surgir du sol une foule d'industries, dont l'unique mobile est l'exploitation de la confiance publique. L'appât des gros bénéfices et des fortes récompenses a tourné toutes les têtes et donné naissance aux procédés les plus inapplicables ou les moins honnêtes. De tous côtés, on ne voit que réclames, prospectus, affiches mensongères. Chacun veut avoir son idée, chacun veut avoir trouvé le souverain remède. Insecticides, insectivores, poudres de propreté, engrais de toutes façons, chacun vante sa drogue, sa découverte sans pareille et, pendant ce temps, le fléau marche, marche toujours, sans redouter les bruits de la réclame!

On prétend que des journaux se sont laissé payer par des courtiers d'annonces; on en cite, on en nomme. L'impudence commerciale n'ayant plus de limites, on achète, dit-on, des voyageurs d'un nouveau genre, qui doivent contribuer au placement d'un article véreux. Au reste, dans ce métier, nul ne vante les mérites de son voisin. En dire du bien, serait assurément difficile ; chaque journée grossit le nombre des victimes, dupes de leur bonne foi, que l'on attrape, sans pudeur ni vergogne.

Un journal fort répandu est encore allé au-delà. Il a pris à sa solde un ancien marchand de musique, dévoué aux intérêts d'une fabrique d'insecticides, et l'a expédié sur les lieux infestés.

Après foule d'excursions et d'articles, fort goûtés d'un public ignorant, le courtier, d'apprenti passa compagnon, et se prit au sérieux.

Rien de plus comiquement affligeant que la prose banale de ce faux prophète ! Croyant assurément avoir le don de prescience, il se mit à écrire d'un ton bouffonnement doctoral et s'adressant à des masses incapables de discerner le vrai de ce qui ne l'était pas, il s'efforça, d'une voix convaincue, de noyer la vérité dans des flots de mensonges. Si la bonne foi aveugle avait été de la partie, on pourrait lui en tenir compte, mais non, le parti-pris était immense chez l'homme et il parlait de tout comme un aveugle-né peut parler des couleurs ! Prenez ma marchandise et vous serez sauvé ! tel est le résumé de toutes ses diatribes, dirigées contre les hommes les plus instruits, ceux qu'il appelle, avec dédain, l'École de Montpellier, personnifiée dans les Bazille, les Marès, les Fabre, les Sahut, les Planchon, les Lichteinstein et toute la pléïade des illustrations viticoles du midi de la France.

Prenez ma marchandise ! Si l'on s'était borné à cette burlesque réclame, le bon sens public eût fait vite justice de la chose, mais ce n'était pas suffisant. La grosse caisse manquait ;

le piédestal faisait défaut ; c'était aux vignes
américaines à en payer les frais, et vite d'attaquer l'inconséquence de l'École de Montpellier,
de ces importateurs de *Phylloxera !* Et vite
de crier haro sur les cépages des États-Unis,
ces funestes, ces nuisibles cépages d'où venait
tout le mal ! Voyez-vous ici l'effet, la galerie,
de rire et d'applaudir, devait se montrer aise.
Le but était atteint !

Avoir l'outrecuidance d'attaquer l'École de
Montpellier, dans de telles conditions, c'était
raide, qu'en pensez-vous ? Le vieux lion eût
dit :

Ah ! c'est trop,... je voulais bien mourir ;
Mais c'est mourir deux fois que souffrir tes atteintes.

Rien n'égale donc l'impudence des vendeurs
d'insecticides et d'engrais spéciaux.

Prenez-en, bonnes gens ! Achetez vite, demain sera trop tard, vos vignes seront mortes
et nos fortunes faites. Achetez ! achetez !

Pour nous, nous n'avons qu'un mot à ajouter : Pour l'amour de Dieu et de vos fortunes, vous tous auxquels on s'adresse ainsi, allez faire une promenade dans le Vaucluse et le Gard, interrogez la foule des vignerons ruinés et vous verrez ce que vous devez en prendre, vous verrez ce que vous devez faire, vous verrez ce que vous devez croire.

« Rien de plus curieux (Documents pour servir à l'histoire de l'origine du *Phylloxera)*[1] que l'incertitude et les préjugés que l'on remarque de tous côtés, au sujet du fléau de la vigne. Ainsi certains préfets, tels que ceux de l'Indre, du Gers, de la Haute-Garonne et, croyons-nous, du Rhône, croient préserver leur département en prohibant, non pas les vignes étrangères, mais en interdisant aussi l'entrée des vignes françaises !... De sorte que ces administrateurs, non-seulement nuiront aux

[1] Laliman.

pépiniéristes français, mais encore plus à leurs administrés ; car si des cépages européens ou étrangers sont reconnus résistants, ils priveront à l'avenir leurs protégés d'un moyen efficace de sauver plus tard leurs vignobles, d'autant plus que ces vignes peuvent être introduites en boutures, sans racines, procédé qui rend impossible la propagation du *Phylloxera*.

» Mais ce n'est pas tout, si on prohibe les vignes, les autres végétaux sont admis ; et qui oserait soutenir qu'une parcelle de terre ou une radicelle de prunier, etc., n'introduiront pas l'ennemi, dans ces départements, convertis en Lazarets ?

» Ces arrêtés font tort à tout le monde ; non-seulement ils sont inexécutables et trop faciles à éluder, mais ne peuvent rien préserver, car l'aphis a des ailes, il est fort ignorant en géographie et saura peu ou point discerner les limites hospitalières ou inhospitalières de

tel ou tel département, témoin l'invasion récente du Rhône, du Gers et de la Suisse,
malgré la proclamation de ce nouveau système
prohibitif, témoin la préservation du département de la Seine, malgré les semis de *Phylloxera* opérés par le docteur Signoret, la
réception annuelle des vignes américaines dans
les Jardins d'Acclimatation et des Plantes,
chez M. Villemorin, etc. »

Ces malheureux arrêtés préfectoraux et autres nous feront réellement toujours sourire.
Vouloir empêcher l'importation du *Phylloxera*, la prohiber, est-ce assez enfantin ! Il
faut être bien jeune pour s'y laisser prendre,
bien neuf pour y croire.

Dans un voyage récent que nous avions
l'honneur de faire avec un homme aussi instruit qu'excellent praticien, M. Maurice Girard,
qui n'osait pas attaquer les arrêtés administra-
tifs, ne put s'empêcher de nous parler de leur

impuissance réelle et nous citait un fait qui
doit sérieusement donner à réfléchir à tous ceux
qui s'occupent de la question. Un de ses amis,
très hostile aux vignes américaines et dont
nous ne voulons pas donner le nom, désigné,
en présence de M. Boutin, autre délégué de
l'Académie des sciences, avait trouvé, quelques
jours auparavant (dans le commencement du
mois de septembre), un *Phylloxera* ailé sur
la vitre de son wagon. S'il y en avait un, il
pouvait y en avoir d'autres. Tous les jours de
semblables transports peuvent être effectués et
l'on sait qu'il suffit d'un seul aphidien pour
qu'il y en ait des milliards l'année suivante !
Messieurs les préfets vont-ils maintenant défendre aux trains express et autres, toute circulation, jusqu'à ce que la maladie ait fait son
temps ? Poussant plus loin leur zèle excessif,
vont-ils nous défendre de passer d'un point à
un autre, sous prétexte que nos vêtements,

nos outils, nos moyens de transport peuvent servir de véhicule à l'insecte, qui n'en a pas besoin pour aller où bon lui semble. Pour être conséquent, il faudrait pourtant adopter de semblables mesures, sinon celles déjà décrétées sont insuffisantes et inefficaces !

On l'a dit souvent, le mieux est l'ennemi du bien et l'arbitraire ne sert à rien, si ce n'est aux mauvaises causes. Nous voudrions bien qu'il n'en fut point ainsi et que l'on pût commander au fléau, comme l'Église à Satan ; malheureusement, il serait plus facile de parler aux éléments et de dire à la tempête de s'apaiser, que d'apporter une digue infranchissable aux flots dévastateurs. Les décrets et les lois ne peuvent rien contre ces hordes maudites qui se jouent de nous tous et défient, à la fois, les efforts de la pratique et ceux de la science. Le *Phylloxera* est un radical de la pire espèce, dont l'égoïsme est l'unique loi ; cette république de suceurs menace de tout détruire sur son passage. Les gouvernements établis de fait ou de droit ne peuvent rien contre lui. Pour l'empoigner et le museler, ils n'ont pas à leur solde de police assez habile, pas de forces suffisantes pour l'envoyer à une île, de Nouméa quelconque d'où ils puissent ensuite l'empêcher de sortir, pas de mains assez exercées pour lui verser le pétrole de l'extermination ! Il faut chercher une autre issue à cette crise funeste, sans continuer une lutte de titans qui ne peut qu'activer notre agonie viticole. Ce n'est pas en proscrivant ce qui peut nous sauver que MM. les Préfets arrêteront le mal, ils ne font, au contraire, qu'aggraver la situation et compromettre l'avenir !

IMPUISSANCE GÉNÉRALE

Toutes les forces vives de la science et de la pratique, a dit M. Drouyn de Lhuys, se sont

réunies pour combattre le *Phylloxera* : « L'air,
le feu, la terre et l'eau sont mis à contribution
pour nous fournir des moyens de défense. »
L'effrayante fécondité de l'insecte, qui permet
à un seul couple de devenir la souche de vingt-
cinq millions de pucerons, du 15 mars au 15
octobre, le rend encore plus redoutable qu'il
ne le serait en réalité, s'il était doué d'une
moins prodigieuse fécondité. Multipliant dans
des proportions « qui défient les calculs et
épouvantent l'imagination, il est encore pro-
tégé contre les agressions de l'homme par la
profondeur du sol qui lui sert, à la fois, de
retraite et de défense, » et, comme l'existence
d'un seul suffit, l'année suivante, pour renouveler la race, tous les moyens employés seront
toujours inefficaces, à l'exception de la submersion hivernale, dont les résultats sont
incontestables. « Elle noie, elle asphyxie le
Phylloxera, sans porter préjudice à la vigne,

mais elle ne sauvegarde les vignes qu'à la condition d'être renouvelée chaque année; » malheureusement, ce procédé, qui a, en outre, l'inconvénient d'obliger à de fortes fumures, est d'une application peu générale : les meilleurs crûs, les coteaux, les terres trop perméables ou qui se drainent sous l'action de l'eau, les terrains éloignés des cours d'eau ou que leur configuration rend impropres aux irrigations, ne peuvent bénéficier de cette découverte due à M. Faucon, qui l'a pour ainsi dire trouvée sans la chercher.

Une autre méthode, est l'ensablement, c'est-à-dire l'enfouissement de la partie inférieure de la tige dans une couche de sable. Du côté d'Aigues-Mortes, on a garanti de la sorte plusieurs vignobles. Ce procédé, comme le précédent, a l'inconvénient d'être difficile et coûteux, et partant, demeure inaccessible à la grande majorité des viticulteurs.

Certains savants ont eu, un instant, la pensée de faire échec au *Phylloxera*, en acclimatant d'autres insectes, en antagonisme naturel avec lui, mais cette idée s'étant trouvée elle-même plus séduisante que solide, on a dû y renoncer; au reste, MM. Planchon, Lichtenstein et Riley n'y avaient jamais songé sérieusement.

On a voulu également cultiver, au milieu des vignes, des plantes dont l'odeur éloignerait le *Phylloxera*, et semer, dans les vignobles, des poudres insecticides. Tous ces essais sont restés infructueux.

Il est constant que la plupart des insecticides n'ont rien produit : « les alcalis du goudron, les superphosphates seuls ou combinés avec ces alcalis, les mélanges de sulfure de potassium et de calcium avec les sulfates d'ammoniaque, n'ont pas empêché les vignes traitées de rester *phylloxerées*. Le succès des insecticides dépend de tant de causes multiples, en vérité, qu'il y a lieu de désespérer de leur efficacité générale; il est reconnu que la provenance des agents chimiques, leurs proportions, la nature du sol, celle des cépages, l'exposition des vignobles, etc., etc., sont autant de conditions spéciales à chaque expérience, capables d'en modifier les résultats[1]. »

De l'étude des substances naturelles, dit M. Cornu, dans un de ses derniers rapports à l'Académie des sciences, certains faits se dégagent. On peut dire que les corps insolubles et fixes n'ont produit aucun effet sur l'insecte; il en a été de même, en général, des produits végétaux, dont l'action sur les *phylloxeras* paraît très peu énergique, malgré leur odeur ou leurs propriétés toxiques pour l'homme ou pour les insectes très agiles[2].

Les solutions des corps alcalins ou salins sont aussi peu actives sur le *Phylloxera* (acide arsénieux, sulfate de cuivre, eaux ammoniacales de gaz, alcalis de goudron); plusieurs de ces substances, comme le sel marin, tuent déjà la vigne à une dose qui ne

---

[1] *Journal d'Agriculture pratique.*

[2] *Journal d'Agriculture pratique* de fin décembre.

suffit pas pour tuer les insectes qu'elle porte. Le bichlorure de mercure paraît cependant donner quelques résultats, mais il exigerait une quantité d'eau beaucoup trop considérable.

Les composés du phosphore ne possèdent pas de propriétés aussi toxiques qu'on pourrait le supposer.

Les produits empyreumatiques ont donné des résultats partiels, et quelques produits de ce groupe pourraient être utilisés.

Les produits sulfurés méritent plus particulièrement d'être étudiés.

Reprenant et complétant les termes dont elle s'était servi, dans son rapport de 1873, la Commission départementale de l'Hérault, instituée pour la maladie de la vigne, caractérisée par le *Phylloxera*, s'est crûe autorisée à déduire des résultats obtenus en 1874 :

« Que, sans faire disparaître le *Phylloxera*, les mélanges d'engrais, riches en potasse et en matières azotées, surtout quand certains d'entre eux présentent des propriétés insecticides, tels que les mélanges dans lesquels

entrent les sulfures et les sulfates alcalins et
terreux, les sels d'été des salines, la suie, les
cendres végétales, l'ammoniaque, la chaux ont
produit de bons effets sur les vignes malades,
en activant leur végétation, en augmentant
leur production et en permettant à leur fructi-
fication de s'accomplir. »

Tels sont les faibles résultats obtenus jusqu'à
ce jour ! Est-ce assez d'impuissance ! Si nous
ne pouvons pas espérer mieux, avant que la
maladie ait fait son temps, comme toute chose
de ce monde, avec quel enthousiasme et quelle
reconnaissance ne devons-nous pas accepter
les cépages des États-Unis qui peuvent seuls
nous sortir de cette mauvaise situation !

DISCOURS DE M. DROUYN DE LHUYS

Avant de passer aux vignes américaines,
notre unique et dernière ressource, dans la
crise que nous traversons, nous croyons devoir

reproduire, *in-extenso*, le remarquable discours du sympathique Président de la Société
des agriculteurs de France, M. Drouyn de
Lhuys, appelé à l'unanimité à la présidence du
Congrès viticole de Montpellier[1].

MESSIEURS,

C'est un grand spectacle que cette vaste conspi-
ration de toutes les forces vives de la science et de
la pratique pour combattre le *Phylloxera*, ce fléau
qui menace de tarir l'une des principales sources

---

[1] Le 26 octobre 1874, s'est ouvert le Congrès viticole international de
Montpellier. Nous croyons utile d'en dire quelques mots.

Plus de huit cents personnes ont pris part à ses travaux. Plusieurs
gouvernements étrangers et de nombreuses Sociétés savantes ou agricoles
y avaient envoyé des délégués.

Voici les noms de ces délégués :

Délégués de l'Autriche : MM. J. Bolle de Goritz; le comte Bossi Fedrigotti,
de Rovereto ; le docteur Carlo Canderlperghes, du Comice de Rovereto; Gerloni, de la Société d'Agriculture de Trente, et le baron
Tedeschi, de Rovereto ;

Délégué du Brésil : M. Elisée Déandreis, agent consulaire d'Italie à Montpellier;

Délégués d'Italie : MM. le chevalier Manfredo Bertone de Sambuy; le
professeur Adolphe Targioni-Tozzetti, comte Freschi, professeur Giovani
Tranquilli, d'Ascali;

Délégué du Portugal : M. le professeur Antonio-Augusto de Agusar;

Délégués de la Suisse : MM. Schneitzler et Demolles;

Délégué du Ministère de l'agriculture et du commerce : M. l'inspecteur
général Halna du Fretay;

de la richesse de notre pays. L'entomologie consulte ses annales ; la chimie épuise ses arsenaux ; l'hydrologie lui prête son assistance ; l'art de la culture invente de nouveaux procédés ; les Sociétés savantes de nos départements mettent cette question à l'ordre du jour ; l'Assemblée nationale en fait le sujet de ses délibérations ; le gouvernement

Société d'agriculture d'Angoulême : M. P. Guérin ;
—   de Carcassonne : MM. Denille, Malric et Rousseau ;
—   de Carpentras : M. Loubet ;
—   de la Haute-Garonne : MM. Victor et Paulin de Capèle, Givelet, Laffite et de Lucy ;
—   de Narbonne : MM. Garcin, Gauthier et Jamme ;
—   de Nice : MM. Audoynaud et Marcy ;
—   de Poligny : M. le docteur Coste ;
—   de Saintes : M. le docteur Menudier ;
—   de Sorgues : M. H. Michel ;
—   de Toulon : MM. Aguillon et Garcin ;
—   du Var : MM. Aguillon et Gayet ;
Société protectrice des animaux : M. Millet ;
Chambre de commerce de Lyon : MM. Dusuzeau et Morand ;
Académie des sciences : MM. Maurice Girard, Boutin, Cornu, Rommier, Mouillefer et Duclaux ;
Société centrale d'Agriculture de France : MM. Barral, Drouyn de Lhuys et Lecouteux ;
Société des Agriculteurs de France : MM. Drouyn de Lhuys, vicomte de la Loyère, Lecouteux, P. Blanchemain, de Sainte-Anne, Gaston Bazille, baron Thénard, vicomte de Saint-Trivier, comte de Lavergne, marquis de Dampierre, Victor Lefranc, J.-A. Barral, Teissonnière, L. Laliman, le baron de Cambourg, le comte de Montessus de Rully, Paul Castelneau, Perrin, Louis Barral, Max Cornu, Fournier, H. de la Chassaigne, Ch. Tondeur, le comte de Dillon, Marcel Monnier, Duchesne-Thoureau, Rohart, Michel Perret, Raveneau, Maurial, Tripier, docteur Moreau, de la Fresnaye, Trouillet, comte de Fleurieu, de Tarrieux, baron de

s'en émeut ; l'Institut de France ouvre une enquête solennelle. L'air, le feu, la terre et l'eau sont mis à contribution pour nous fournir des moyens de défense ; de toutes parts s'organise la levée en masse des populations viticoles pour repousser l'invasion, et les plus magnifiques récompenses sont promises au libérateur.

Saint-Juéry, Frédéric Wolff, A. Gérard, G. de Senneville, Louis de Martin, de Lagorce, Paul Guérin, Ed. Lugol, Ed. Caze, Debourge, A. Dumont, Ed. Saillard, Hubert-Delisle, Blaise (des Vosges), F. Cazalis, Sabaté, de Castelneau, marquis de Biliotti, Carré, Dujardin, Beaumetz, Marès, Planchon et Lichtenstein.

Le Congrès viticole international a eu un grand succès ; il a montré qu'il n'y avait plus d'illusion à se faire, qu'il n'y avait plus un jour à perdre. Les ravages du *Phylloxera* sont tels qu'ils deviennent une véritable calamité nationale, a pu dire, avec justesse, M. Coignet ; malheureusement, le Congrès n'a pas tranché le nœud gordien du mal, et personne n'a cru à l'efficacité pratique des remèdes proposés. L'antidode du *Phylloxera* est encore à découvrir et elle le sera toujours, selon nous !...

Le Congrès n'a rien résolu, rien décidé, au sujet de la terrible maladie. A l'exception de la submersion et des cépages des États-Unis, on peut dire qu'il n'a rien été proposé de souverainement efficace. En dehors de ces deux moyens de reconstituer nos vignobles, le Congrès viticole n'a rien mis dans une évidence favorable : tout est encore à essayer !

M. Coignet, résumant cette triste situation, disait qu'en face d'une pareille calamité, le devoir de tous les intéressés était de se livrer, avec ardeur, à tous les essais !

Les cultures soignées et rationnelles,

Les fumures intensives,

Les emplois simultanés des sulfures solubles et des sels potassiques,

Ne sauveront pas les vignes des étreintes du mal qui les frappe ; on pourra, de la sorte, prolonger l'existence d'un vignoble, mais jamais le guérir. Telle a été la conviction intime de tous les délégués au Congrès viticole international.

La grandeur de l'effort n'est que trop justifiée par l'importance des intérêts qu'il s'agit de sauver. Mais quel est donc le terrible ennemi qui les met en péril, et provoque de notre part de si formidables préparatifs de guerre ? Mesurez sa taille, examinez ses armes, visitez ses remparts : que trouvez-vous ? Un puceron microscopique, une imperceptible tarière, une étroite fissure dans le sol. O cruelle ironie ! O contraste étrange entre l'impuissance physique de l'homme et les forces mystérieuses de la nature, entre l'apparente exiguïté de la cause et l'immensité des effets, entre les moyens de détruire et les moyens de conserver !

Ici la petitesse de l'individu est, il est vrai, compensée par le nombre ; le *Phylloxera* est doué d'une effrayante fécondité ; suivant les calculs d'observateurs attentifs, un seul couple peut devenir la souche de vingt-cinq milliards de pucerons dans l'espace de temps compris entre le 15 mars et le 15 octobre. De là cette propagation rapide et cette série de migrations dont nous trouvons l'exposé dans le rapport présenté à l'Académie des sciences par M. Duclaux, professeur de chimie à la Faculté de Clermont.

Parcourons ces lugubres étapes :

En 1865, l'insecte apparaît pour la première fois sur un seul point du département de Vaucluse.

En 1866, il envahit une portion de ce département, en se reproduisant sur des points peu distants les uns des autres. On le signale également dans deux communes des Bouches-du-Rhône.

En 1867, on remarque une large tache dans ce département et la contrée située au nord d'Avignon est envahie.

En 1868, les deux rives du fleuve, depuis la mer jusqu'à Pierrelatte, sont attaquées.

En 1869, l'épidémie arrive aux portes de Nîmes, d'Aix, de Montélimart et de Valence ; des vignes sont atteintes dans l'Hérault et le Var.

En 1870, le mal prend un grand développement dans la même direction.

En 1871, toute la vallée du Rhône, de Valence à la mer et jusqu'à Aubagne, est sous le coup du *Phylloxera* ; les taches deviennent de plus en plus larges dans le Var et l'Hérault.

En 1872, le fléau gagne du terrain dans ces deux départements ; on signale sa présence aux environs de Tournon.

Enfin en 1873 et 1874, soixante communes du Bordelais sont plus ou moins entamées, et l'insecte destructeur fait son apparition dans le Beaujolais.

Ne croyez-vous pas, Messieurs, entendre comme un écho de ces paroles de nos livres saints :

« Tu planteras une vigne, tu la façonneras, mais

tu n'en auras pas de vin, et tu n'en tireras rien, parce qu'elle sera détruite par les insectes. »

» La vendange est attristée, la vigne languit, les larmes gagnent ceux qui avaient la joie au cœur. Tout divertissement est abandonné; le sourire de la terre s'est évanoui. »

» Le Carmel perdra sa gaieté et son allégresse. Il n'y aura plus de chansons dans les vignes. »

La Société des agriculteurs de France, jalouse de témoigner sa sollicitude pour tous les intérêts en souffrance, au midi comme au nord, tenait à honneur de porter sa bannière dans la croisade entreprise contre un odieux envahisseur, qui, avec un instinct funeste, semblait avoir choisi, entre toutes les places de l'ancien monde, les plus florissantes et celles où ses ravages seraient le plus désastreux.

Dès 1868, dans notre première session générale, nos inquiétudes se traduisaient en des termes malheureusement prophétiques : « Le monde viticole, disait notre rapporteur, M. le comte de la Vergne, reste dans l'appréhension d'un immense désastre, et la science est encore à la recherche de la vraie cause du mal et d'un moyen de salut. » Après une discussion, à laquelle prirent part les viticulteurs les plus distingués, une commission fut nommée pour aller sur les lieux étudier sans délai, aux frais de la Société, la nouvelle maladie de la vigne.

Au Congrès de Lyon, organisé en avril 1869 par la même Société, la question du *Phylloxera* occupe une large place.

On la retrouve encore amplement traitée dans le compte-rendu des travaux du congrès de Beaune, tenu sous nos auspices en novembre 1869, et que j'avais également l'honneur de présider ; une médaille d'or y est décernée à M. Planchon.

L'Annuaire de notre deuxième session générale, ouverte le 24 janvier 1870, contient l'exposé des intéressants débats engagés dans le sein de la section de viticulture, sur ce sujet qui, peu de mois après, appelait l'attention du Congrès de Valence.

Après la guerre, la question revient à l'ordre du jour devant l'Assemblée générale. Dans la séance du 23 janvier 1872, M. Gaston Bazille présente son rapport annuel sur la marche du fléau et sur les moyens employés pour le combattre. Les pouvoirs de la commission d'étude sont prorogés.

Au mois de septembre 1872, nouveau Congrès viticole tenu à Lyon, dans les mêmes conditions. Les voix les plus autorisées s'y font entendre.

Les quatrième et cinquième sessions générales, en 1873 et 1874, offrirent à la Société l'occasion de prouver que son zèle ne s'était pas ralenti.

Enfin, le conseil, par décision insérée au *Bulletin* du mois de juillet de cette année, a décidé qu'un prix sera décerné, en 1875, à l'inventeur du meilleur procédé pour arrêter ou prévenir les ravages du *Phylloxera*.

Vous le voyez, Messieurs, en répondant à votre bienveillant appel, je ne fais que continuer la tradition de la Société qui m'a honoré de ses suffrages. Je viens, sur un nouveau champ de bataille, combattre un ancien ennemi, sous le même drapeau et avec les mêmes alliés.

Nos études qui, depuis l'origine, se sont suivies sans interruption, avaient pour objet, d'abord, la connaissance de la maladie elle-même, en second lieu, la découverte des remèdes destinés à la guérir.

On a dû commencer par écarter les hypothèses qui attribuaient le fâcheux état de la vigne, soit aux froids des hivers précédents, soit aux sécheresses des printemps, et l'on a reconnu tout de suite que c'était dans une autre voie qu'il fallait chercher la cause du mal. Tout le monde sait aujourd'hui que d'habiles et patients observateurs, après avoir examiné dans tous les organes les ceps attaqués, ont aperçu enfin, sur leurs racines, des milliers de pucerons jaunâtres, fixés au bois et suçant la sève ; tous à des états divers de développement, attachés à la partie souterraine de la vigne, dont ils dévorent la substance, et qu'ils n'abandonnent qu'après l'avoir détruite. Multipliant, comme nous l'avons dit, dans des proportions qui défient le calcul et épouvantent l'imagination, ils sont protégés contre les agressions de l'homme par la profondeur du sol, qui leur sert à la fois de retraite et de défense. On prétend qu'un hectare de terre infectée livre chaque jour aux courants atmosphériques un demi million d'émigrants qui, s'abandonnant à tous les vents du ciel, vont implanter au loin leurs malfaisantes colonies.

Une fois l'insecte découvert, bien étudié, bien connu, on s'est demandé d'où il venait. Peut-être est-il originaire de l'Inde, où l'on a vu récemment les vignobles détruits sur une grande étendue par une cause qui n'a pas encore été scientifiquement constatée ; sa première apparition, à peu de distance de Marseille, ce grand entrepôt des marchandises de l'Orient, semblait donner quelque probabilité à cette assertion. Mais on admet assez généralement qu'il nous a été amené de l'Amérique du Nord, et sa présence a été officiellement vérifiée sur les cépages indigènes par les entomologistes des Etats-Unis. Là, son action serait restreinte et, pour ainsi dire, insensible ; exercée sur des ceps à demi-sauvages et non encore épuisés par des siècles de culture forcée, elle n'a pas en général, au Nouveau-Monde, le pouvoir destructeur qu'elle prend dans nos contrées.

C'est ici que se place le débat qui divise encore les meilleurs esprits : le *Phylloxera* n'est-il qu'un des symptômes de l'épuisement de nos vignes, signalé déjà par l'apparition de l'oïdium et d'autres maladies qui n'en auraient été que les avant-courrières ? ou bien son arrivée parmi nous est-elle le résultat d'un simple hasard ? En un mot, le *Phylloxera* est-il cause ou effet ? Ses ravages et sa multiplication n'ont-ils pas été déterminés par un état anormal de la plante ? Une telle question n'est pas purement spéculative. Si l'invasion de l'insecte est un accident, indépendant de la condition des vignes, il faut chasser le *Phylloxera* comme on traque le loup dans nos bois et l'ours sur nos montagnes, ou bien les rats et les souris dans nos greniers. Alors il serait possible, par une guerre d'extermination, soit de le faire absolument disparaître, comme l'Angleterre y a réussi à l'égard du loup, soit au moins d'en diminuer le nombre, comme nous essayons d'y parvenir à l'égard du hanneton.

Si, au contraire, la multiplication du *Phylloxera* résultait d'une rupture inconnue d'équilibre dans la constitution de nos vignes, comme on voit le champignon pulluler sur les végétaux morts, ou les vers sur les cadavres, on essayerait inutilement d'en entraver la diffusion et la propagation. Il se retrouverait, en dépit de tous les efforts, partout où il rencontrerait des circonstances propices, conformément à cette loi universelle qui fait sourdre la vie comme un torrent sans digue, dans tout milieu propre à la recevoir. On soutient, à l'appui de cette thèse, que le puceron a dû exister en tout temps sur la vigne, mais qu'il y est resté inaperçu, tant qu'il n'a pas trouvé des éléments suffisants d'alimentation et de fécondité. Ce seraient alors nos vignes qu'il faudrait régénérer pour supprimer ou restreindre en elles les conditions favorables au développement du *Phylloxera*.

Sans prendre parti dans ce grave différend, on peut constater qu'il n'est pas encore vidé. Le problème se présente à l'esprit de tous ceux qui, savants ou praticiens, se préoccupent du salut de nos vignobles.

Il en résulte une division naturelle pour le classement des moyens curatifs qui ont été proposés, et qui, au nombre de quelques centaines, sont soumis en ce moment à l'Institut et au ministère de l'agriculture. Les uns ont pour but direct la destruction ou l'éloignement du *Phylloxera*, au moyen d'insecticide ou de divers procédés ; les autres tendent à modifier ou à fortifier la séve, l'écorce ou la plante, soit dans son ensemble, soit dans ses parties.

Au premier rang des procédés expérimentés

jusqu'ici se place la submersion hivernale, dont les résultats sont incontestables. L'inventeur de cette méthode, aussi simple qu'ingénieuse, vient d'être récompensé par une flatteuse distinction qui en consacre le succès. Il a déjà de nombreux imitateurs, et personne n'hésite aujourd'hui à recourir à la submersion partout où elle est possible. Elle noie le *Phylloxera* sans porter préjudice à la vigne, qui semble, au contraire, puiser dans l'immersion une vigueur nouvelle. Seulement l'application de ce système ne peut être étendue aux terrains éloignés des cours d'eau, ou que leur configuration rend impropres aux irrigations. On propose, il est vrai, de faire dériver par un canal les eaux du Rhône dans plusieurs de nos départements viticoles, et la Société des agriculteurs de France, dans sa dernière session, a recommandé ce projet à l'attention du gouvernement. On ne peut, néanmoins, se dissimuler que l'exécution en sera longue et assez dispendieuse. Il faut reconnaître, d'ailleurs, que la submersion ne sauvegarde les vignes qu'à la condition d'être renouvelée chaque année. Elle ne met pas définitivement un vignoble à l'abri des attaques du *Phylloxera* ; mais par une purification périodique, elle détruit l'insecte à mesure qu'il tente de s'y fixer.

Une autre méthode, basée sur le même principe,

est l'enfouissement de la partie inférieure de la tige dans une couche de sable. On a observé, en effet, que le *Phylloxera* ne pénètre jusqu'aux racines qu'à la faveur des crevasses, causées par la sécheresse dans un sol argileux. On a remarqué aussi l'immunité dont paraissent jouir les vignes dans le sable, du côté d'Aigues-Mortes, par exemple, au foyer même de l'infection. Ne serait-il pas possible de fermer tout accès au *Phylloxera* en entourant chaque cep d'une espèce de rempart de sable, où l'insecte ne pourrait creuser ses cheminements ? On a garanti plusieurs vignobles en leur créant ainsi un sol artificiel.

Certains savants ont espéré faire échec au *Phylloxera*, en acclimatant d'autres insectes en antagonisme naturel avec lui ; mais cette idée s'est trouvée, au fond, plus séduisante que solide. Où rencontrer cet ennemi, qui irait combattre le *Phylloxera* dans la profondeur du sol, qui lui serait assez semblable pour l'atteindre, assez hostile pour le détruire ? On a songé aussi à cultiver, au milieu des vignes, des plantes dont l'odeur éloignerait le *Phylloxera*, et à semer dans les vignobles des poudres insecticides. De telles mesures seront-elles assez énergiques contre un si tenace ennemi, et ont-elles jusqu'à ce jour produit des effets appréciables ? L'emploi des engrais fortement azotés, des sels de potasse, et surtout du sulfure de carbone expérimenté pour la première fois à Bordeaux, en 1869, par M. le baron Thénard, a donné d'heureux résultats. Toutes ces substances dégagent des gaz délétères pour les insectes, et, convenablement dosées, elles sont inoffensives pour les végétaux.

D'autres personnes conseillent d'arracher les vignes infestées et de les livrer aux flammes avec les insectes qui sont attachés aux racines. Ce système a soulevé de graves objections. Si le *Phylloxera*, disent les adversaires de ce nouveau remède, n'avançait que pas à pas, on pourrait espérer l'arrêter, en créant un désert entre la frontière du pays qu'il occupe et les régions demeurées saines. Mais sa marche procède au contraire par bonds, et on le trouve établi au milieu de vignobles éloignés de tout centre de contagion. Peut-on être assuré de détruire radicalement les germes de ce fatal insecte, en extirpant les seules vignes dont l'état morbide se révèle par des symptômes évidents ? N'y a-t-il pas une époque pour ainsi dire d'incubation, pendant laquelle l'animal existe sans trahir sa présence par de visibles ravages, et alors, si vous épargnez cette semence cachée, ne deviendra-t-elle pas le point de départ d'une nouvelle invasion ? Pourquoi d'ailleurs devancer en quelque sorte l'arrêt du sort et consommer d'un seul coup

la ruine que le puceron n'achèverait qu'à la longue ?
En se plaçant à un autre point de vue qui n'est pas
sans importance, quelles indemnités, ajoute-t-on,
une telle mesure n'entraînerait-elle pas ? De pareils
sacrifices ne sont-ils pas hors de proportion avec
leur utilité présumée ?

Telle a été la direction des efforts opposés immédiatement au *Phylloxera* : on le noie, on l'asphyxie, on l'empoisonne, on le brûle. Ces procédés
ont sans doute leurs avantages, et nous apportent
un réel secours ; mais ils ne s'attaquent pas au
principe du mal lui-même. Les employâ-t-on partout, ils ne pourraient avoir partout une efficacité
absolue. Un seul *Phylloxera* survivant suffirait, en
deux ans, à renouveler la race. Peut-on espérer
traiter d'une manière suffisante les espaces immenses déjà envahis? Tout sera donc à recommencer chaque année : l'ennemi est là, toujours
menaçant, poussant de tous côtés ses masses profondes, que d'autres remplaceront sans fin, tant
qu'il existera un sarment dans nos campagnes.

Aussi, convaincus des dangers de la situation et
de l'issue fatale d'un tel conflit, un grand nombre
de viticulteurs, ont-ils pris une autre route : ils ont
cru qu'il fallait régénérer la vigne, soit par des
amendements et des engrais, soit en modifiant
profondément ses conditions constitutionnelles, ou

6

en se rapprochant davantage de l'existence qu'elle aurait si elle restait livrée à elle-même.

On a pensé à recourir au semis. N'est-il pas, en effet, conforme au vœu de la nature, qui multiplie annuellement à l'infini le nombre des grains dont chacun porte en lui le germe d'une fécondité sans limites ? En prodiguant les semences avec une telle profusion, ne semble-t-elle pas avoir voulu indiquer à l'homme que cet humble pepin, impropre à sa nourriture, doit être utilisé par lui et rendu à sa destination primitive ? Les semis produisent à la fois des sujets plus robustes, plus souples, s'accommodant mieux aux changements de climats et de traitement. Partant de ces données, ne serait-il pas permis d'espérer que de nouveaux sujets, nés pendant l'époque que l'avenir appellera l'âge ou l'ère du *Phylloxera*, seront pourvus d'une assez grande force de résistance pour faire face à l'ennemi contre lequel leurs ascendants, âgés d'ailleurs et créés pour des temps moins difficiles, n'étaient pas suffisamment prémunis ? Ce n'est là qu'une probabilité ; mais quelque faible que soit une espérance, on est tenté de s'y rattacher, après que d'autres expériences ont successivement échoué. La pratique sans doute se plaît à déjouer les combinaisons du raisonnement, et le grand air fait évanouir bien des théories conçues dans le cabinet.

Ici cependant la pratique semble donner raison
d'avance à la spéculation, et la préférence accordée
aux ceps issus de semis n'a jamais été, je crois,
contestée. Deux raisons ont fait obstacle à la géné-
ralisation des semis : la première et la principale
est la longue enfance du sujet, qui reste au moins
cinq ans sans rien produire, et qui n'est en plein
rapport qu'après un temps double, tout en exigeant des soins assidus. La seconde était le désir
de conserver la fixité de l'espèce, toujours variable
à chaque génération, et jamais identique à elle-
même dans l'évolution qui la reproduit. On se
disait que la perfection était atteinte, soit pour le
rapport, soit pour la qualité et le parfum. De là, le
désir si légitime de conserver sans altération un
trésor que tout changement devait déprécier. Mais
peut-être la nature se refuse-t-elle, au-delà de certaines bornes, à prolonger l'existence des êtres
soumis à la destruction et à la mort, et n'a-t-elle
voulu leur laisser recevoir une seconde vie que
dans les générations qui les suivent. Peut-être
refuse-t-elle d'enrayer, par une fixité artificielle,
ce vaste courant qui entraîne la vie dans un perpé-
tuel mouvement. Or, les provins, les marcottes, les
greffes, les boutures, les crosses, ne sont que la
continuation artificielle de l'existence du sujet
dont ils sont tirés.

D'un autre côté, ne peut-on pas supposer que les
tailles nombreuses et périodiques que subit la vigne
ont fini par altérer son essence et amoindrir sa
vigueur? La culture basse sur souche, qui fait
d'ailleurs les meilleurs vins, empêchant le développement normal de la plante, a peut-être à la
longue, contribué à en détruire la force constitu-
tive. Portant atteinte au système aérien de l'arbuste, n'en a-t-on pas en même temps affaibli le
système radiculaire? Une vigoureuse vigne, poussant de plus profondes racines, ne serait-elle pas,
dans sa partie souterraine, inaccessible au *Phylloxera*? Il y a là, pour nos viticulteurs, matière à
de sérieuses réflexions. Sans essayer d'aborder ici
les délicats problèmes de la taille, ne peut-on pas
conjecturer qu'en modifiant le système actuel, qui
tend à réprimer l'essor du bois pour porter sur le
fruit toute l'activité de la végétation, on donnerait
plus de force à l'élément ligneux, à la sève et aux
racines, tous points faibles dans notre mode de
culture, et où se concentre l'attaque du *Phylloxera*.

En contemplant les ravages causés par le dévas-
tateur de nos vignes, la pensée se reporte involon-
tairement à deux fléaux analogues : la maladie des
vers à soie et celle des pommes de terre.

La première a éclaté quand les magnaneries pre-
naient un accroissement inconnu jusque-là, et ras-

semblaient sur un même point des multitudes de vers. Ni les soins hygiéniques, ni les précautions les plus minutieuses n'ont réussi à la faire disparaître; elle renaît dans toute agglomération excessive, et, seules, les petites éducations parviennent à y échapper.

La pomme de terre était devenue la culture principale de l'Irlande. Le sol humide, léger, suffisamment chaud, s'y prête merveilleusement. Elle y était d'une abondance et d'une qualité incomparables; elle y nourrissait toute la population, qui avait pour elle renoncé aux céréales. Tout à coup, la fameuse pourriture se déclare. Vous savez la famine et l'émigration qui en furent les douloureuses conséquences. Depuis, la pomme de terre n'est plus cultivée que comme accessoire : les céréales ont repris possession du sol, et la maladie perd peu à peu de son intensité.

En France, la vigne occupait plus de deux millions d'hectares : tout le Midi allait devenir un immense vignoble. A ce moment le *Phylloxera* apparaît!

En rapprochant ces terribles phénomènes, quelques personnes ont voulu leur attribuer une origine commune. Suivant elles, une loi inconnue d'équilibre naturel s'opposerait à la multiplication de certaines espèces, au-delà d'une limite également inconnue. De cette considération hypothétique, elles tirent la conséquence qu'il faudrait restreindre, au moins pour un temps, la culture de la vigne, en la bannissant des plaines et des terrains bas.

Je m'arrête, Messieurs ; je dois me borner ici à poser des problèmes qu'il vous appartient de résoudre. Au milieu des autorités si compétentes réunies dans cette enceinte, je viens apprendre et non pas enseigner. Je porte le drapeau ; d'autres mains porteront le glaive.

Ce discours, que le Congrès international tout entier a salué d'applaudissements unanimes, a résumé avec beaucoup de clarté, la situation actuelle de la viticulture ; comme on peut le voir, il laisse peu d'espoir en une solution favorable et prochaine des graves questions, que l'esprit philosophique de l'auteur a su y développer ou y résumer, avec son savoir-faire ordinaire et sa haute et brillante intelligence.

Nous allons maintenant examiner les diffé-

rentes théories des quatre individualités émi-
nentes, qui sont directement ou indirectement
les vrais propagateurs des vignes américaines ;
MM. Marès, Planchon, Laliman et de Beaulieu, qu'ils le veuillent ou non, ont fait jaillir
la lumière des ténèbres où elle était plongée,
et ont mis, en évidence, les qualités des cépages des Etats-Unis, en voulant leur trouver des
défauts; mais avant de passer en revue leurs
théories, nous croyons utile de nous arrêter,
un moment, sur la dissertation suivante, em-
pruntée au livre que M. Planchon vient de
faire paraître et qui nous arrive à l'instant[1].

« Mais, dira-t-on (notes prises de Saint-Louis à
Sandusky (Ohio) par Chicago,) si le *Phylloxera*
en est cause (cause de la mortalité des vignes à
l'île Kelley, aux Etats-Unis), pourquoi n'a-t-il
pas depuis longtemps détruit les cépages amé-

---

[1] Cette dissertation eût été mieux placée à la fin de la page 46, mais
le travail typographique était trop avancé et ne nous l'à pas permis.

ricains sensibles à ses attaques ? D'abord,
répondrons-nous, parce que, bien que délicats,
ces cépages le sont beaucoup moins que ceux
d'Europe ; ensuite, parce que, pour *beaucoup
d'entre eux, l'invasion ne remonte peut-
être pas bien loin en arrière*. La date certaine de ces invasions ne saurait être rétrospec-
tivement fixée ; quelques indices pourtant
permettent à cet égard, pour les cas particu-
liers, des approximations assez plausibles. Il y
a *quinze ans*, par exemple, M. Charles Carpenter, observateur très attentif, vit *pour la
première fois*, dans son domaine, des *nodosités* (évidemment *phylloxériques*), sur les
radicelles des *Delawarres* et d'autres variétés
de vignes. Ces *Delawarres* périrent en deux
ou trois ans.

» Autre observation analogue recueillie de
la bouche de M. Adelison Kelley, quand il
exploitait lui-même ses vignes, il y a dix ans

environ, il remarquait, sur les radicelles super-
ficielles que la charrue mettait à nu, des masses
de nodosités qui lui paraissaient anormales. »

N'en déplaise à l'illustre docteur, nous ne
pouvons accepter ses dires : Les cépages américains qui périssent actuellement ou depuis
quinze ans, ne sont pas moins résistants
aujourd'hui qu'ils pouvaient l'être il y a quelques années ! Ils prospéraient dans le temps,
parce que le *Phylloxera* n'existait pas aux
Etats-Unis, parce que *l'immémorial Pemphygus* n'était pas le puçeron dont nous contestons les ravages actuels.

L'insuccès des plantations de cépages européens que les colons s'efforçaient de faire
au Nouveau-Monde doit être plus rationnelle-
ment attribué à un sol peu favorable, à un climat meurtrier, ou aux influences du *rot* ou
du *mildew* qu'aux ravages de l'inoffensif *Pemphygus* dont on veut en vain faire le *Phyl-*

loxera vastatrix. Si ce dernier, d'après M. Planchon, existe de temps immémorial de la Floride au lac Huron, si l'insecte est partout où on l'a bien cherché aux Etats-Unis, ses ravages, depuis quinze ans, depuis à peu près qu'il s'est également montré en Europe, ont lieu de nous surprendre et nous empêchent de comprendre, comment il peut se faire que « pour beaucoup d'entre eux (cépages américains), l'invasion ne remonte peut-être pas bien loin en arrière. »

Pour répondre victorieusement à toutes les observations du savant entomologiste et rétablir les faits dans leur situation véritable, il nous suffit de faire constater les points suivants :

Le *Phylloxera* de la vigne s'est montré presque simultanément en Amérique et en Europe ; les notes prises par M. Planchon, les 26 et 27 septembre 1873 (les *Vignes améri-*

caines) le montrent suffisamment. Le dépérissement de certains cépages aux États-Unis et
la mortalité de plusieurs vignobles d'Europe
se sont produits à des époques trop rappochées
pour que le puceron ait existé, d'un côté ou de
l'autre de l'Océan, de temps *immémorial.*
Sa marche *foudroyante,* depuis les dates de
son apparition, suffit pour l'attester.

Si l'on a tardé si longtemps à observer aux
États-Unis le *Phylloxera,* c'est qu'il n'y était
pas plus connu qu'en Europe, soit qu'il n'y
existât pas davantage, soit qu'il y fût à l'état
latent, à l'état de semence.

L'existence du *Phylloxera,* en Europe
comme en Amérique, ne doit pas plus faire
proscrire l'introduction des cépages du Nouveau-Monde (en Europe) qu'elle ne devrait
faire proscrire l'introduction des *vitis vinifera*
aux États-Unis.

Si le *Phylloxera* existe, de temps immé-

morial, sur l'un ou l'autre continent, la
pullulation de l'insecte n'en est pas moins due
à des causes qui échappent à la science, mais
qui s'expliquent néanmoins, sans qu'il soit
nécessaire d'accuser les cépages américains
d'avoir donné naissance au fléau. Naguères,
il s'agissait moins de savoir comment l'insecte
était venu que de savoir comment il s'en irait;
aujourd'hui, il s'agit non plus de faire la part
du feu, non plus de savoir si le parasite dispa-
raîtra, mais de trouver le moyen de vivre, sans
frais, avec lui, de trouver, en un mot, des cépages qui vivent avec lui ou qui l'éloignent;
tel est aussi, ce nous semble, l'avis de M. Planchon.

Quoi qu'il en soit, les théories de M. Marès
peuvent servir de base à celles du savant
professeur, et les expériences du grand impor-
tateur girondin, lauréat de tant de Sociétés
agricoles et savantes, les démarches, les

recherches auxquelles ses ennemis l'ont réduit, ont fait plus de bien aux vignes américaines que n'aurait pu en faire un siècle de culture ignorée et toute la propagande dont eussent été capables les pépiniéristes américains ! Enfin le voyage de M. Le Hardy de Beaulieu est venu couronner l'édifice et exercer sur l'Europe son heureuse influence. Les études si patientes et si pratiques du grand colon belge ont mis en évidence les qualités des *Vulpina*, d'un genre de vignes complètement ignorées jusqu'ici.

Nous publierons, à la fin de ce livre, un rapport fort instructif[1] sur les aptitudes et la

[1] Ce Rapport que nous avons eu en mains, le premier en Europe, ne se trouve pas en librairie; M. Le Hardy de Beaulieu auquel nous l'avions rendu l'a égaré, à la suite de sa conférence de Montpellier ou de Nîmes, et nous l'avons vainement réclamé au secrétariat de la Société des Agriculteurs de France où l'auteur prétendait l'avoir adressé pour nous, l'an dernier. M. de Beaulieu a fait paraître depuis une petite brochure sur les cépages indemnes; ce petit opuscule, dont nous avons reçu quelques exemplaires, ne contient pas les mêmes renseignements que ceux du premier Rapport. Cette lacune nous décide à publier, en annexe, les vignes du type *Bullace*, convaincu que l'auteur ne nous saura pas mauvais gré

culture des vignes du type *Bullace ;* on y trouvera des détails, fort intéressants pour les viticulteurs, sur l'historique des cépages de la Géorgie, sur les modes usités de plantation, de taille, de récolte et de fabrication du vin produit par ces diverses variétés.

LA SCIENCE ET LA PRATIQUE

THÉORIE DE M. MARÈS

Suivant M. Marès, la maladie de la vigne n'est « ni dans le *Phylloxera* cause unique, ni dans le *Phylloxera* effet ; » *elle est dans*

d'avoir voulu, par cette publication, rendre service à la viticulture, en consignant, dans un livre catalogué, les réflexions primitivement écrites par lui et les renseignements que ses laborieuses études y avaient accumulés.

Nous avons donné connaissance de ce travail à la section de viticulture de la Société des agriculteurs de France, le procès-verbal qui en fait mention en a donné le compte-rendu ; le président de la section, le sympathique M. le vicomte de la Loyère, au nom de tous les membres présents, nous a chargé, dans le temps, de faire agréer à M. Le Hardy de Beaulieu l'expression de leurs remercîments et de leur reconnaissance pour les communications que nous avions faites au nom de l'illustre absent.

*le concours simultané des causes qui la
produisent*[1] :

« 1° Elle a d'abord *une cause caractéristique,* visible, animée, propagatrice : c'est
le *Phylloxera,* à l'état de grande multiplication, de propagation ou d'invasion. »

2° Elle a ensuite des causes diverses qui
sont :

« 1° L'influence du sol, c'est-à-dire du
milieu, sur la vigne elle-même et sur l'insecte ; cette cause est le plus souvent déter-
minante ;

» 2° L'influence des climats, suivant qu'ils
favorisent la végétation des vignes ou l'affaiblissent et selon qu'ils favorisent la pullulation
et l'expansion de l'insecte ou qu'ils y mettent
obstacle. Dans cet ordre d'idées, les intem-

---

[1] Publié dans le *Messager agricole,* tome V, n° 12, et le *Journal d'A-
griculture pratique.*

péries qui affaiblissent les vignes peuvent être des causes déterminantes ;

» 3° La résistance qu'offre la vigne elle-même, suivant la culture à laquelle elle est soumise et la nature du cépage qui aide ou diminue cette résistance. Ainsi, *la vigne cultivée* est malade, elle s'étiole et périt ; *la vigne sauvage, non cultivée,* n'est pas malade et ne périt pas ; la treille, qui se rapproche de la vigne sauvage, est peu attaquée et résiste ; » la *Passarille blanche* de l'Hérault résiste mieux que le *Bouchet ;* les *Aramons* résistent mieux que les *Terrets ;* le *Carbenet* du Médoc paraît avoir plus de résistance que les autres espèces cultivées, dans le midi et l'ouest de la France.

Nous allons extraire les passages, qui vont suivre, de la communication fort intéressante que M. Marès a lue au Congrès viticole[1] :

---

[1] Publié dans le *Messager agricole,* tome V, n° 11.

« L'expérience a démontré, y est-il dit :

» 1º Que, dans une certaine catégorie de terrains, toute vigne attaquée et *non défendue* est une vigne perdue ;

» Exemples : La Crau, le plateau de Pujo, près de Roquemaure, les environs d'Orange et de Carpentras ;

» 2º Que, dans d'autres catégories de terrains, les vignes échappent aux attaques qui les cernent de toutes parts ;

» Exemples : Terrains sablonneux de la Camargue et des bords du Rhône ;

» 3º Que, dans un très grand nombre de terrains, les vignes résistent plus ou moins longtemps aux attaques de l'insecte, se sauvent ou périssent, suivant les traitements qui leur sont appliqués ;

» Exemples : Expérience du Mas-de-Las-Sorres, vignes de M. Faucon, de M. Espitalier, vignes, en expérience, chez MM. Henry Marès,

7

Léon Marès, Gaston Bazille et chez un grand nombre de propriétaires.

» Pour arriver à la guérison de la vigne, il faut trouver un *insecticide*.

» Tant qu'on n'aura pas trouvé un INSECTI-CIDE, *il ne faudra pas se bercer de l'espoir de* GUÉRIR *la vigne ou* D'ARRÊTER LES RAVAGES *de l'insecte.*

» Si nous ne pouvons pas trouver *d'insecti-cide,* UNE SEULE PLANCHE DE SALUT NOUS RESTE : ce sont LES PLANTS AMÉRICAINS *assez robustes pour vivre avec le* Phylloxera *sur leurs racines, et que nous cultiverons comme* ON LES CULTIVE EN AMÉRIQUE OU COMME PORTE-GREFFES *de nos plants français.* »

THÉORIE DE M. PLANCHON

M. Planchon, s'appuyant sur ces dires, sur ces faits et ceux de son expérience, préconise, lui aussi, les cépages américains,

bien qu'il les accuse d'avoir importé le
Phylloxera en Europe :

 « L'intérêt qui s'attache aux vignes américaines, a-t-il dit au Congrès, tient moins
aux qualités intrinsèques de leurs produits
qu'à *ce fait très important, pour nous,
que plusieurs de ces cépages échappent
au* Phylloxéra ou, du moins, *résistent* plus
ou moins aux atteintes de cet insecte. »

Tout en reconnaissant que les cépages des
États-Unis ne résistent pas tous au puceron,
M. Planchon affirme donc que *beaucoup
résistent* et qu'ils offrent *tous une résistance supérieure* à celle de nos plants
indigènes.

Cette résistance peut être due, selon lui,
à ce que ces vignes « sont plus jeunes que
les nôtres, c'est-à-dire plus rapprochées de
l'état sauvage ; » il a aussi constaté que
l'aphis arrête ses ravages « aux radicelles et

aux racines moyennes » des vignes américaines, sans toucher les parties les plus fortes
ou les détruire, s'il vient à s'y arrêter.

Le savant professeur est, en outre, convaincu que « toute vigne, prospérant dans
l'Amérique du Nord et au Canada, *peut et
doit prospérer en France ;* » mais de même
qu'il affirme l'importation de l'insecte américain, affirmation contestée par M. Marès et
par plusieurs autres illustrations viticoles, affirmation réfutée, avec preuves à l'appui, par
M. Laliman et par nous-même[1], M. Planchon
admet un autre fait que nous ne pouvons
accepter.

Ne voulant pas se faire « l'avocat d'office
des vignes américaines, » il arrive à nier que
« le changement de sol et de climat » puisse

---

[1] M. Planchon prétend qu'on ne peut rien prouver par des négations
et que c'est sur l'ensemble des faits qu'il a basé son jugement. Le nôtre
s'établit, de la même façon, sur l'ensemble des preuves contraires, toutes
aussi multiples, toutes aussi probantes !

modifier, un jour, les qualités ou les défauts naturels des cépages exotiques, même au point de vue de leur résistance à l'insecte.

Il est cependant incontestable, pour tous les praticiens, que le sol et le climat doivent agir sur les produits de la vigne : c'est le sol (le *terroir)* et le soleil qui font produire les vins de Bordeaux ou de Bourgogne, les eaux-de-vie de Cognac ou de Condom. Les cépages, tout en ayant certaines qualités *sui generis,* sont pour peu dans cette renommée. On aura beau planter dans les vallées de la Charente, à Argenteuil ou sur les coteaux de Normandie, les meilleures variétés du Médoc ou de la Bourgogne, le vigneron n'obtiendra jamais que des vins de seconde qualité ; que si, au contraire, l'on plante à Margaux ou à Beaune les vignes de Suresne ou la *folle* des Charentes, on récoltera des vins bien supérieurs à ceux des environs de Cognac ou de Paris. Fatalement, les vignes américaines doivent subir la même loi et même, par la culture, elles doivent arriver à produire des vins supérieurs[1]. Nous en avons la preuve dans les différents rapports de dégustation que nous avons sous les yeux. Les vins faits aux États-Unis et

---

[1] L'affirmation contraire nous est fournie par M. Planchon lui-même, dans ses *Vignes américaines*, page 151, il nous dit, d'après M. Bush : « Il ne semble pas douteux que, conformément à l'idée de M. Bull, notre vigne sauvage peut, en peu de générations, être amenée à égaler en qualité la vigne d'Europe, » toute exagération mise de côté, bien entendu.

Le *Norton*, né de la graine d'un raisin sauvage, s'est tellement amélioré que « ce petit raisin, d'apparence insignifiante, que Longworth, le père de la viticulture américaine, avait regardé sans valeur est devenu (par la culture) la variété par excellence comme vin rouge, dans son pays natal » (page 186, Planchon).

« La qualité de nos produits est modifiée par deux causes principales : La *constitution géologique du sol* et la nature du cépage. Il est incontestable que la nature du sol influe d'une *manière très sensible sur la qualité des vins*. »‑(Cl. Prieur, *Étude sur la viticulture*).

S'il est incontestable que la culture améliore la nature du cépage et que le terroir (le crû) soit pour beaucoup dans la qualité spéciale du produit (la *Folle blanche* fait de la fine champagne (Cognac) de Barbezieux à Cognac, de la petite champagne dans d'autres cantons de l'arrondissement de Cognac, de l'eau-de-vie dite Borderies et de l'eau-de-vie dite Bons bois et Bois ordinaires sur certains points avoisinant les communes à fine ou petite champagne), il est tout aussi évident que « jamais le *Muscat* ne deviendra *Carbenet*, jamais le *Carbenet* ne deviendra *Pineau*, jamais le *Pineau* ne deviendra *Gamai*, jamais le *Gamai* ne deviendra *Chasselas* » (docteur Guyot), mais que le même cépage, grâce au terroir, à l'exposition et au système de culture, pourra produire, quelques kilomètres plus loin, des vins de qualités différentes.

exposés autrefois étaient de beaucoup inférieurs à ceux exposés en 1867. Ces mêmes
vins de 1867 étaient loin de valoir, nous a dit
M. Teyssonnière, ceux exposés dernièrement
à Vienne ; enfin, M. Laliman lui-même, n'ob-
tenait pas, il y a quelques années, dans la
palus de Floirac, les qualités qu'il récolte
aujourd'hui et que nous avons dégustées à
Montpellier.

Quoiqu'en dise M. Planchon, la vigne « *s'ac-
climate,* » le mot « *acclimatation* » n'est ni
« une idée fausse, » ni « une véritable chi-
mère[1]. » Nous avons lieu d'être surpris que
celui qui a dit en plein Congrès : la résistance
des vignes américaines vient, sans doute, de

[1] M. Planchon n'admettant pas l'acclimatation, admet toutefois la
sélection ; nous avons eu connaissance de cette concession modifiant le
sens du mot acclimatation, lorsque notre ouvrage était donné à l'impri-
meur, trop tard, par conséquent, pour y répondre autrement que par
cette note. Sélection, acclimatation, choix, effet... autant de mots que la
pratique n'a pas toujours le temps de distinguer et qu'elle abandonne, de
gaieté de cœur, au dialecticien !

ce qu'elles sont plus *jeunes*, c'est-à-dire *plus rapprochées de l'état sauvage*, ait osé formuler une semblable erreur ; si la résistance de ces cépages vient de là, il est incontestable qu'ils en auront moins, lorsqu'ils seront plus âgés en culture. Pour formuler son jugement, il prend pour exemple les centaines de végétaux échangés, depuis deux siècles et plus, entre l'Europe et les États-Unis? Cette citation n'est pas heureuse, car si ces plantes, « en dehors de la création de nouvelles variétés, par sélection, » ont subi seulement des modifications, qui ont laissé intacte la constitution de chacune d'elles, le fait en vient de ce qu'elles n'étaient pas, comme nos vignes d'Europe, soumises à une culture débilitante, épuisante et de reproduction forcée ; ces plantes n'ont jamais été indéfiniment reproduites par *marcottes, greffes, boutures* et *crossettes ;* elles n'ont jamais reçu successivement cette continuation artificielle de l'existence, du sujet dont on les aurait sans cesse tirées ; enfin elles n'ont point été soumises à des tailles nombreuses et périodiques, altérant leur essence et amoindrissant leur vigueur, afin de les obliger à produire, lorsqu'elles voulaient croître et se développer, suivant les lois de leur nature.

Dans des situations aussi différentes, tirer des comparaisons applicables aux vignes, c'est dépasser les limites du vraisemblable et tortiller une argumentation que la pratique la plus usuelle ne peut laisser debout.

Malgré tout notre respect pour l'illustre professeur, il nous a été impossible de ne pas relever de telles inconséquences.

THÉORIE DE M. LALIMAN

Le célèbre œnologue bordelais dont les nombreuses études et les savants travaux

ont été plusieurs fois récompensés par de
nombreuses Sociétés agricoles ou savantes, est
convaincu, comme MM. Marès et Planchon,
de l'immense danger que court la viticulture
européenne ; il est persuadé que toutes nos
discussions font perdre un temps précieux,
et qu'il faudra forcément, comme l'a fait le
Midi, arriver à la culture des cépages américains, de ces cépages si calomniés, il y a
quelques années, et encore si généralement
méconnus, même par ceux qui devraient les
mieux connaître ! Le *Phylloxera* semble
vouloir le venger des humiliations dont ses
compatriotes ont voulu l'accabler, en les poussant, malgré eux, vers la culture de ces vignes
dont ils ne voulaient pas entendre parler, il y
a deux ou trois ans. Les ravages de l'insecte
ont, en quelque sorte, détourné de ses lèvres
le calice d'amertume dont ils croyaient l'a-
breuver, et ses détracteurs commencent, à leur

tour, à se trouver lancés sur un chemin de Damas que leur étrange aveuglement était loin de prévoir.

M. Laliman déclare donc qu'il faut se hâter de planter des vignes américaines et qu'il faut surtout bien choisir ses cépages ; il conseille spécialement la culture de certaines variétés, « aussi rares que précieuses, tant à cause de leur résistance aux attaques de l'insecte qu'au point de vue de la qualité de leur vin. » Parmi ces cépages, il recommande surtout l'*Ohio* et le *Cunningham*, le *Lenoir* et l'*Herbemont*, « comme supérieurs à tous autres, aux vignerons amis du progrès. » Niant l'importation américaine de l'*aphis français*, son expérience l'engage à dire qu'il ne faut pas attendre que le *Phylloxera* ait fait son apparition dans un vignoble, pour songer à introduire les cépages qu'il préconise. Quand le puceron est maître du terrain, il ne croit pas que les cépages les plus résistants puissent longtemps résister à l'action malfaisante du terrible fléau ; à ce moment-là, selon lui, il est trop tard pour opérer, avec certitude de succès et d'avenir.

THÉORIE DE M. LE HARDY DE BEAULIEU

« *Aut illud, aut nihil.* »

M. Le Hardy de Beaulieu, moins rassurant que MM. Marès, Planchon et Laliman, affirme que toutes les vignes actuelles doivent fatalement succomber, d'accord en cela, avec la science, qui déclare, dans la personne de M. Cornu, qu'il faut que l'insecte périsse ou que la vigne disparaisse. M. Le Hardy de Beaulieu prétend que tous les cépages à *moëlle spongieuse*[1] *et à écorce caduque*, sont infailliblement condamnés ; nous ne pouvons donc

---

[1] La science nous pardonnera cette expression peu juste : Elle dit moëlle abondante et écorce striée.

plus avoir d'espoir que dans les vignes à *moëlle filiforme*[1] *et à écorce non caduque (non striée)*, à écorce lisse et adhérente. Les vignes du type *Bullace*, ces vignes vierges de toute souillure, de tous signes de dégénérescence, offrent seules les caractères de résistance nécessaire pour lutter, avec efficacité, contre l'immense fléau. Elles appartiennent, pour la plupart, aux *Vulpina, rotundifolia* (Mich.), et tout le monde, praticiens comme savants, s'accorde à reconnaître et à proclamer leur caractère indemne.

CÉPAGES AMÉRICAINS

Des patientes et laborieuses investigations de MM. Planchon, Laliman, Cornu, Marès, Bazille, Sahut, Riley, Buchanan, Bush, Berck-

---

[1] Filiforme est peu exacte, mais donne une idée de la différence qu'il y a, entre les vignes à moëlle abondante, qui appartiennent aux *Euvites* (Planchon), et les vignes à moëlle serrée, peu abondante, qui appartiennent aux *Muscadinia*.

mans et de Beaulieu, il semble résulter que les vignes d'Europe succomberont toujours, lorsqu'elles se trouveront aux prises avec cet implacable suçeur que l'on nomme *Phylloxera*, et qu'on ne peut mieux faire que d'avoir recours aux vignes américaines, si l'on ne veut pas en être bientôt réduit à aller chercher sa boisson à la source voisine.

Sous quelle forme ce secours nous viendra-t-il? Sera-ce en greffant nos propres cépages sur ces vignes étrangères, dont les racines plus robustes leur fourniront une base de nutrition permanente, ou sera-ce comme cépages remplaçant complètement les nôtres?

Les vignes américaines se divisent en deux types bien distincts :

1° Les Muscadines ou *Bullaces*, vignes à baies ;

2° Les Euvites, vignes à grappes[1].

Les Muscadines, *V. Vulpina* (Lin.) ou *V. Rotundifolia* (Mich.), ont les sarments grêles à peau lisse et luisante, d'un brun grisâtre et couverts d'une infinité de lenticelles très petites ; elles ont le bois dur et revêtu d'une écorce adhérente, qui ne se dépouille en lanière que sur les très vieilles tiges ; leur moëlle est peu abondante, pour ainsi dire filiforme, leurs feuilles sont minces, cordiformes, dentées, luisantes aux deux faces, rondes, souvent petites et glabres de chaque côté ; le sinus de la base ouvert, arrondi ou parfois étroit ou aigu. Elles ont les fleurs polygames ou plutôt poligamo-dioïques, à cinq pétales cohérentes au sommet, libres à la base ; elles ont cinq étamines, le pistil court, le stygmate épais à cinq lobes et la panicule très petite.

---

[1] Nous trouvons, dans le livre de M. Planchon, cette classification, méthodiquement expliquée, sous les noms de *Muscadinia* et d'*Euvites*.

Ces vignes ont leurs fruits à pulpe consistante ; ils sont juteux, vineux et à goût musqué. Leurs baies sont plus ou moins grosses, plus ou moins nombreuses, variant de cinq à vingt-cinq au plus. Les grains se détachent un à un de la brindille qui les porte, au fur et à mesure de la maturité. Leurs graines sont marquées de rides ou de dépressions sur la face et sur le dos.

Les Euvites ou vignes à grappes renferment une variété nombreuse de genres dont nous allons seulement décrire les principaux ; en passant, nous empruntons à M. Planchon la description de leur caractère général : « Écorce striée, s'enlevant en lanière (l'épiderme du moins), bois tendre à gros vaisseaux : *moëlle abondante*. Grappe à grains nombreux, restant adhérents jusqu'à maturité et au-delà. »

Les *Labrusca* (Lin.) ou *Fox grape*. — Les *Labrusca* ou vignes sauvages des bois contiennent les variétés les plus nombreuses ; elles ont, pour caractère, des fruits à pulpe plus ou moins forte dont les grains à goût de cassis ou foxé (*foxy*, de renard, de cassis, de framboise) sont gros ou moyens, ovales ou ronds ; leurs feuilles, revêtues en dessous d'un duvet serré, sont pubescentes, cordées, à cinq lobes et irrégulièrement dentelées ; leurs vrilles sont continues (sauf les points où elles sont remplacées par des inflorescences) Planchon.

Les *Vitis æstivalis* (Mich.) ou *summer grape*. — Les *Æstivalis* ou *summer grape*, raisin d'été, ont les feuilles à lobes plus ou moins marqués ; elles sont plus ou moins épaisses et généralement couvertes en dessous d'un duvet roux fort abondant. Les *Æstivalis* sont des vignes grimpantes, et fort vigoureuses dans certains sujets. Leurs raisins sont gros et ont les grains petits. Leurs vins sont excellents, nullement parfumés ou *foxés*.

8

Les *Vitis cordifolia* (Mich.) ou *frost grape*. — Les *Vitis cordifolia* ou *frost grape*, c'est à dire raisin des gelées, ont les rameaux grimpants, les feuilles membraneuses, glabres, souvent dentelées, lisses et quelquefois duveteuses ; c'est une espèce tantôt délicate et tantôt vigoureuse dont les fruits sont rares en général ; leurs grains sont petits, noirs, foncés et souvent doués d'un goût âpre qui n'a aucun rapport avec le cassis (le goût *foxy*).

Dans cette famille se trouve le genre *Vitis riparia* (Mich.) ou *River grape*, c'est-à-dire la vigne des rivières. Cette variété a les feuilles non duveteuses, « tout au plus légèrement pubescentes » (Planchon). Elle produit de petits raisins à petits grains.

Les *Vitis candicans* (Engelm.). — Les *Vitis candicans* ou vignes des Montagnes Rocheuses et du Texas sont grimpantes et à feuilles cordées, « entières ou profondément tribolées, glabres et d'un vert intense à la face supérieure, recouvertes à la face inférieure d'un tomatum cotonneux, dense et blanc (rarement roussâtre) » Planchon. Leurs baies sont grandes, d'un noir pourpre, et plus ou moins astringentes. Le *Mustang grape* (nom indien du cheval sauvage) est une des plus belles variétés de ce genre.

Les *Vitis lincecumii* (Buckley). — Les *Vitis lincecumii* ou vignes des territoires et du sud-ouest, ont les feuilles très grandes, « largement cordées et grossièrement dentées » (Planchon). Leurs rameaux, rarement grimpants, se soutiennent droits ou couchés et sont souvent très courts. Leurs fruits à grandes baies, d'un noir pourpre, font des vins très durs. Le *Post-Oak grape* en est l'espèce la plus connue.

Il y a encore plusieurs autres genres, en

dehors de ceux que nous venons de décrire ;
les uns touchent de si près aux *Æstivalis* ou
aux *Cordifolia*, que nous n'entreprendrons
pas de les analyser ; les autres sont si peu
connus et ont si peu d'avenir en Europe, qu'il
nous paraît plus convenable de passer outre,
laissant à qui de droit le soin d'écrire un livre
scientifique sur ces nombreux types.

Nous croyons utile néanmoins de citer les
noms des principaux genres, laissés de côté
dans cet ouvrage ; les voici, ce sont les :

> Vitis acida
>
> Vitis angulata
>
> Vitis araneosa
>
> Vitis arizonica
>
> Vitis bipinnata
>
> Vitis bracteata
>
> Vitis californica
>
> Vitis caribæa
>
> Vitis cerefolia

VITIS GENUINA

VITIS MONTICOLA

VITIS MUSTANGENSIS

VITIS ODORATISSIMA

VITIS PALMATA

VITIS PULLARIA

VITIS RUBRA

VITIS RUPESTRIS

VITIS SOLONIS

VITIS TENUIFOLIA

VITIS VERRUCOSA

Nous arrêtons là cette nomenclature, si incomplète qu'elle soit, sans entrer dans de plus longs détails, en raison du peu d'importance de toutes ces vignes pour le vigneron européen. A l'heure actuelle, la plupart sont encore à peine connues des botanistes, et il est probablement de leur destinée, de demeurer longtemps ignorées, enfouies vivantes, comme elles le sont, dans les forêts vierges du Nouveau-Monde !

CÉPAGES RÉSISTANTS ET NON RÉSISTANTS

Les cépages des États-Unis s'offrent à la culture sous trois aspects bien distincts[1] :

1° Ceux qui ne résistent pas au *Phylloxera ;*

2° Ceux qui paraissent devoir résister ;

3° Ceux qui résistent ou sont *indemnes.*

Nous allons donner les noms des principales variétés connues qui ne résistent pas ; ce sont[2] :

Agawam. — (R's hyb.) Raisin rouge foncé ou marron ; sélection de *Hamburg* précoce et de variété non désignée ; grappes grosses, compactes, souvent ailées[1] ; grains très gros ; peau épaisse ; pulpe tendre, douce, piquante.　　　　　　　　　　　　　　E. à Is. B.

Allen's. — (Allen's hybrid.) Obtenu par M. Allen, de Massachussets, à l'aide du *Chasselas* et de l'*Isabella ;* grappes volumineuses et longues ; beaux grains ordinaires, blancs et à peau mince ; chair tendre, sans pulpe ; qualité supérieure et précoce.　　　　　　E. à Is. B.

---

[1] Le premier en Europe, nous avons, il y a trois ans, écrit dans plusieurs journaux cette classification accidentelle.

[2] On trouvera à la fin de la nomenclature la liste des abréviations.

[3] Ailée est le terme que M. Planchon a employé pour traduire le mot *shouldered,* qui signifie épaule en anglais. *Shouldered* se trouve fort souvent répété dans le catalogue de MM. Bush et Cie.

Autuchon. — (Ar's hy.) Production de graines de *Clinton*, fécondées par le *Chasselas doré*; grappes très longues; grains de grosseur moyenne, arrondis, blanc verdâtre; chair un peu ferme, mais fondante; peau lisse, sans astringence.   E. à Is. B.

Barry. — (R's.) Un des hybrides qui offrent le plus d'attrait; grappe grosse, large, compacte; grains moyens, arrondis; couleur noire et chair tendre.   E. à Is. B.

Brant. — (Ar's. hy.) Obtenu de graines de *Clinton*, fécondées par le *Black Saint-Pierre*. Plante vigoureuse; grappes et baies moyennes, noires; chair non pulpeuse et juteuse.   E. à Is. B.

Canada. — (Ar's. hy.) Ressemblant au *Brant*; grappes moyennes et grains ordinaires à peau fine et noire; chair juteuse; fruit précoce.

X. **Catawba** (Lab.) — (Sy. *Red-Muncy, Singleton.*) Variété originaire de la Caroline du Nord, trouvée sur la rivière la Catawba, très productive, mais à goût *foxy*. Raisin rouge violet.

Challenge. — Hybride supposé entre le *Concord* et le *Royal muscadine*, obtenu par le rév. Archer Moore, très précoce; grappes courtes, compactes; baies grosses, arrondies, d'un rouge pâle; chair douce et pulpeuse.   E. à Is B.

Cornucopia. — (Ar's hy.) Obtenu de graines de *Clinton*, fécondées par le *Saint-Pierre*; plante vigoureuse et très productive; grappe forte, compacte; raisins très noirs, à peau mince et juteuse.

X. **Delawarre.** — (Sy. *Heath. Italian wine*). Mis en évidence par Thomson, du comté de Delawarre (Ohio); joli raisin, à chair fondante, à peau mince, à goût franc, sans goût *foxy*, et précoce. Couleur lilas violacé. Son origine est inconnue. — Hybride possible entre *Lab.* et *Æst.*

Diana (Lab.) — Semis de *Catawba* par mad. Diana Crehore. Beau raisin d'un rouge pâle et à peau épaisse.

Ellen. — (R's.) Grappes de grosseur ordinaire à grains gros, noirs et assez parfumés; variété vigoureuse et productive.

Gœthe. — (R's hy.) Variété recommandable tant pour sa vigueur que pour la beauté de ses produits. Grains gros, à peau mince, à chair tendre et fondante, douce et vineuse. Bon raisin et bon vin.   E. à Is. B.

Herbert. — (R's.) Grappes assez longues à grains fort gros et à chair douce et tendre. Variété précoce.   E. à Is. B.

Ioua (LAB.) — Vient de M. C.-W. Grant, d'Iona, qui l'a obtenu d'un semis de graines de *Catawba*, fécondées sans désignation. Jolie variété, productive et justement appréciée.

X. **Isabella** (LAB.) — Originaire de la Caroline du Sud ou de la Géorgie, est d'une vigueur ordinaire. Cultivé aux Etats-Unis comme raisin de table, il ne peut jouir du même avantage en Europe. Son goût *foxy* est fort désagréable pour nous.

Lindley. — (R's.) Vient du *Mammoth grape*, fécondé par le *Golden chasselas*. Grappe longue ; grains ordinaires ; chair tendre et douce. Plante vigoureuse dont les fruits sont précoces.

Massasoït. — (R's. hy) Grappe courte ; grains moyens d'un rouge noir. Chair tendre et douce, avec un peu de saveur natale   E. à Is. B.

Merrimack. — (R's.) Regardé par plusieurs comme le meilleur de la collection Roger's. Plante très belle à grappes moyennes et grains doux et gros.

Othello. — (Ar's hy.) Croisement d'une variété de *Clinton* et de *Black-Hamburg*. Grappes et grains très gros, noirs et à peau fine. Chair ferme et pleine de qualité.

Salem. — (R's) Hybride entre *Lab.* et *Black-Hamburg ;* grappes fortes, compactes, larges, ailées ; grains gros, châtain-clair, à chair tendre, douce, douée d'un parfum riche et aromatique. Plante vigou-reuse.   E. à Is. B.

Walter. — Nouvelle grappe de M. A.-Y. Caywood, de Pougheepsie, obtenue du *Delawarre*, fécondé par le *Diana*. Grappes moyennes, com-pactes à grains moyens, arrondis, d'un rouge clair. Chair juteuse et douce.   E. à Is. B.

La non-résistance de ces vignes est admise par tous ceux qui se sont occupé des cépages du Nouveau-Monde, mais plusieurs savants et amateurs mettent encore en doute la résistance ou affirment la non-résistance de certaines variétés, parmi les suivantes, classées, par ordre alphabétique, pour les besoins de l'ouvrage. Afin de faciliter les recherches, nous faisons figurer tous les genres dans cette nomenclature si incomplète[1] et nous aurons, plus loin, l'occasion de reparler ou de redécrire plusieurs de ces mêmes variétés.

S V. **Adirondac** (Lab.) — Originaire de Port-Henry (Essex), résultat d'un semis d'*Isabella*, que l'*Hartford-prolific* a fécondé. Grappe large et compacte, nullement ailée; beau raisin transparent à pulpe tendre, juteux et vineux.

S V. **Alexander** (Lab.) — (Sy. *Muscadel*, *Winne*, *Constantia*). Cette variété venue naturellement s'est améliorée par la culture. Grappes compactes; grains de grosseur moyenne, à peau épaisse et noire; chair juteuse et à goût *foxy*.　　　　　　　　　　　　E à Pl.

(P.) **Alvey** (Æst.) — (Hagar.) Grappes lâches et ailées; grains petits, noirs, précoces, doux, juteux, vineux, sans pulpe, d'un goût agréable et d'une production modérée.　　　　　　E. à Is. B.

---

1 Nous allons seulement citer les noms de quelques-unes des variétés principales que nous laissons de côté dans cette nomenclature; ce sont :

Aminia, un hybride de Roger's, dit-on; *Berks* (Lehigh); *Black défiance*; *Black eagle*; *Cambridge*, un hybride de Howey's; *Concord chasselas*, un hybride de Campbell's; *Concord muscat*; *Elvira*, un hybride de Rommel's; *Irving*, un hybride d'Underhill's; *Janesville*; *Lessing*, un hybride de Muench's; *Neoso*; *Senasqua*; *White delawarre*, un hybride de Campbell's; *White lady*, un autre hybride de Campbell's.

S V. **Amanda** (LAB.) — Grappes moyennes, compactes; grains moyens, arrondis, d'un rouge pâle; bonne qualité, à la fois, précoce et pleine de promesses.   E. à Is. B.

S V. **Anna** (LAB.) — Sélection de *Catawba*, obtenue par Elie Hasbrouck, de Newbourg. Plante faible à raisin blanc.

Arrott (LAB.) — Cépage de Philadelphie à grappes et grains moyens, ressemblant au *Cassady* comme apparence, mais non en qualité. Néanmoins, Husmann le dit doux et bon, et surtout productif.   E. à Is. B.

S V. **August Pionnier** (LAB) — Origine inconnue. Variété indigène d'une vigueur remarquable, mais peu estimable pour ses qualités, suivant M. Berckmans.   E. à Il.

(R-P.) **Aughwick** (CORD.) — Nouveau raisin de M. W.-A. Fraker, de Shirleysburg, à grappes ailées et semblables à celles du *Clinton*, mais à grains plus gros; ils sont noirs et à jus (très foncé) de saveur épicée.   E. à Is. B.

(P.) **Baldwin le noir** (ÆST.) — Originaire de West-Chester. Grappes petites, à petits grains presque noirs. Chair pulpeuse et acide.   E. à Dow.

(P) **Baxter** (ÆST.) — Grappes larges et longues, et grains moyens. Variété productive, meilleure pour le vin que pour la table.   E à Is. B.

S V. **Barnes** (LAB.) — Variété à gros grains noirs et de qualité médiocre.   E à Is. B.

S V. **Black-Hawk** (LAB) — Sélection de *Concord*, obtenue par Samuel Miller. Grappes larges et grains gros, ronds, noirs, juteux et à pulpe très tendre   E. à Is. B.

X. (P.) **Black-July** (ÆST.) — (Sy. *Devereux, Sumpter, Lincoln, Blue grape*.) Variété à petits raisins et à raisins à petits grains, noirs foncés, à chair tendre, juteuse et vineuse

S V. **Bland** (LAB.) — (Sy. *Bland's virginia, Bland's madeira*.) Grappes fortes, à gros grains rosés et à pulpe fondante.   E. à Pl.

S V. **Blood's Black** (LAB) — Grappes moyennes, compactes; grains moyens, ronds, noirs, à goût *foxé*, quoique doux. Variété très productive.

S V. **Blue Dyer** (Lab.) — (Sy. *Blue impérial.*) Grappes moyennes et grains noirs. Variété secondaire, quoique productive.

S V. **Cassady** (Lab.) — Né dans le jardin de H.-P. Cassady, de Philadelphie ; grappes moyennes, très compactes ; grains moyens, blancs jaune ; cépage produisant en abondance.

S V. **Christine** (Lab.) — Variété trouvée en Pensylvanie ; vigne robuste et vigoureuse, à raisins précoces, gros, noirs et légèrement *foxé*.

E. à Pl.

S V. **Clara.** — (*Somewhat like* Allen's hybrid.) Grappes longues, grains petits et ronds, à couleur transparente avec pulpe douce et *délicieuse.* E à ls. B.

X. (T.) **Clinton** (Cord.) — (Sy. *Worthington.*) Cépage d'une vigueur remarquable, à sarments grêles et nombreux, à grappes petites et abondantes, et à petits grains noirs à peau mince et résistante ; chair juteuse avec un peu de pulpe, relevée, vineuse, un peu acide ; feuilles simplement anguleuses, vertes en dessus, munies en dessous d'un duvet simple, grisâtre sur les jeunes pousses. E. à Pl.

S. (P-R.) **Concord** (Lab.) — Cépage populaire des Etats-Unis, produisant pour (*The million*) les masses, obtenu par M. E.-W. Bull, de Concord (Massachussels). Grappes larges à gros grains d'un noir foncé, avec peau fine et résistante, mais à pulpe tenace et à goût *foxé*.

E. à Pl.

Conqueror (Cord.) — Nouveau raisin obtenu par le Rév. Archer Moore, à l'aide du *Clinton* et du *Royal muscadine.* Longues grappes à grains moyens.

S. **Cottage** (Lab.) — Nouvelle variété venant du *Concord,* obtenue par M. E.-W. Bull, de Concord, à la suite de semis successifs.

Creveling (Lab) — (Sy. *Catawissa, Bloom*) Grappes longues et lâches sur les jeunes vignes et compactes sur les vieilles souches Grains moyens, ovales et noirs. Chair tendre, juteuse et douce. E. à ls. B.

(L. P. T.) X. **Cunningham** (Æst.) — (Sy. *Long.*) Né dans le jardin de Jacob Cunningham, du comté de Price Edouard. Grappes très compactes et lourdes, de grandeur moyenne, ailée ; grains petits, noirs, juteux et vineux. E. à ls. B.

(P.) X. **Cynthyana** (Æst. — (Sy. *Red-River.*) Reçu par M. Husmann, de William, R. Prince, de Flushing. Plante vigoureuse et productive. Grappe moyenne à grains juteux et doux, arrondis et noirs ; jus très taché et très alcoolique.   E. à Is. B.

S. (P.) **Dracut Amber** (Lab.) — Originaire de Dracut (Massachussets) ; ce cépage à goût *foxy* est vigoureux et productif. Grappes grandes et compactes ; grains gros et ronds.

(P.) **Elsimburg** (Æst.) — (Sy. *Elsinboro.*) Variété peu productive, à grappes lâches et petits grains, à peau mince et chair fondante.

S. **Essex.** — (R's hyb.) Grappes moyennes et ailées. Grains larges et noirs, tendres et doux, quoique un peu *foxés*. Espèce à la fois vigoureuse et productive.

Eumelan (Lab.) — (Sy. *Good black grape*, beau noir.) Variété longtemps cultivée dans le jardin de madame Thorne, à Fishkill, où elle produisait en abondance. Grappes volumineuses, de forme élégante et suffisamment compactes. Grains gros, noirs ; chair tendre, fondante. Maturité précoce ; saveur pure et délicate, très sucrée, riche et vineuse.
                    E. à Is. B.

(G. P. H. B.) X. **Flower's** (Rot.) — Variété nouvelle à grains plus petits que le *scuppernong*, à fruits noirs et luisants, à jus sucré, coloré, très bon et fort peu parfumé.   E. à Pl.

S V. **Framingham** (Lab.) — Nouvelle sélection obtenue à l'aide de l'*Hartfort prolific*, variété ayant les mêmes qualités et les mêmes défauts.

S V. **Gaertner.** — (R's.) Grappes fort belles et grains d'une grosseur moyenne, à goût agréable et aromatique.

(P-R.) **Golden-Clinton** (Cord.) — (Sy. King.) Obtenu à l'aide du *Clinton* auquel il ressemble beaucoup ; M. Campbell's lui reproche d'être inférieur à son parent.

S (P-R.) X. **Hartford prolific** (Lab.) — Variété précoce venant de M. Steel, de Hartford (Connecticut). Plante vigoureuse à grandes grappes, ailées ou compactes, à grains ronds et noirs, à chair à pulpe tenace, juteuse et à goût *foxé*.   E. à Is. B.

(L. T.) X. **Herbemont** Æst) — (Sy. *Warren.*) Origine inconnue, quoique propagé par Nich. Herbemont, qui le trouva dans le vignoble du juge Huger. Grappes très belles, ailées et compactes ; grains moyens et noirs à chair douce, un peu pulpeuse et juteuse ; cépage vigoureux à riche feuillage.

(P.) **Hermann** (Æst.) — Nouvelle variété obtenue avec le *Norton's virginia* par M. F. Langendoerfer, près d'Hermann. Grappes longues et étroites, rarement ailées ; grains moyens et noirs à chair douce, un peu pulpeuse et juteuse ; cépage vigoureux à riche feuillage.

S V. **Hine** (Lab.) — Obtenu à l'aide du *Catawba* par M. Jason Brown, de Putin-Bay (Ohio). Grappes moyennes à chair à pulpe juteuse.

(G.) **Hutingdon** (Cord.) — Variété nouvelle à grappes compactes et ailées ; à grains ronds, noirs, juteux et vineux. Cépage vigoureux et très productif.

S. (P-R.) **Israella** (Lab.) — Obtenu par M. C.-W. Grant, qui ne lui trouve de comparable que son *Eumelan.* Variété provenant d'un semis d'*Isabella.*

S. (P-R.) X. **Ives seedling** (Lab.) — (Sy. *Ives madeira.*) Obtenu par M. Ives, de Cincinnati, probablement d'une graine d'*Hartford prolific.* Grappes d'une grosseur moyenne, compactes, rarement ailées ; grains moyens à chair douce et juteuse, un peu *foxé.* Cépage d'une croissance et d'une fertilité extraordinaire.

(L. T.) X. **Jacquez** (Æst.) — (Sy. *Cigar-box grape,* raisin boîte-à-cigares, *Jack, Ohio.*) Origine inconnue. Cépage vigoureux et productif, à grappes grosses et longues, à grains noirs, petits et arrondis, à jus fin, coloré, doux, vineux et exquis.   E. à Pl.

S V. **Katarka.** — Nouvelle variété provenant probablement de l'*Hungarian grape.* Grappes longues et ailées à gros grains pulpeux. Cépage très productif.

(L. T.) X. **Lenoir** (Æst.) — Raisin du Sud, de la classe de l'*Herbemont ;* grappes moyennes, compactes ; grains petits, arrondis, d'un pourpre bleu foncé, presque noirs, couverts d'un peu de fleurs ; chair tendre, sans pulpe, juteuse et vineuse.

S V. **Logan** (Lab.) — Mauvaise variété originaire de l'Ohio, recommandée par la *Société pomologicale.* Grappes moyennes, ailées, compactes ; grains gros et ovales, à chair à pulpe juteuse.

(P. R.) **Louisiana** (Æst.) — Introduit par l'éminent pionier Fred. Münch, du Missouri. Grappes de grosseur moyenne, ailées, compactes, très belles ; grains petits, ronds, noirs ; chair sans pulpe, juteuse, douce et vineuse ; plante vigoureuse et plus ou moins productive selon la taille. E. à Is. B.

S V. **Lydia** (Lab.) — M. Carpenter, de Kelley-Island (lac Érié), a obtenu ce cépage d'un semis d'*Isabella* Grappes grosses à gros grains ovales plutôt vert que jaune ; pulpe tendre, douce et vineuse. E. à Is. B

(P.) **Marion.** — Nouvelle variété de M. Samuel Miller, née en Pensylvanie. Grappes volumineuses, compactes ; grains moyens, ronds, noirs et juteux.

(R) X. **Martha** (Lab.) — Raisin blanc, obtenu par M. Samuel Miller, de Bluffton. Variété populaire à grappes moyennes, modérément compactes et ailées ; grains moyens, arrondis, à chair douce.

S V. **Mary-Ann** (Lab.) — Ressemble à l'*Isabella* et est de qualité inférieure.

Maxatawney (Lab.) — Né accidentellement dans le comté de Montgommery (Pensylvanie), est devenu le cépage favori de M. Bush. Grappes moyennes, longues, compactes, rarement ailées ; grains sur moyens, oblongs, d'un jaune pâle, légèrement coloré par le soleil ; chair tendre, sans pulpe, douce et délicieuse ; arôme délicat ; peu de pepins ; qualité excellente pour la table et la cuve. Plante robuste et vigoureuse à grandes feuilles profondément lobées. E. à Is. B.

S V. **Miles** (Lab.) — Nouvellement introduit et décrit par M. E.-W. Campbell's. Grappes noires, compactes, à grains ordinaires, doux et vineux.

(P.) **Mish** (Rotund.) — Variété à fruits violets, jus sucré, très bon, plus alcoolique que celui du *Scuppernong*, qui charge davantage. Maturité précoce en Géorgie.

Montgommery. — Probablement venant du *Foreïyn grape*. Grappe et grains superbes, dit le docteur A. Royce, de Newbourg.

Mottled (Lab.) — Dû à M. Charles Carpenter, de Kelley-Island, qui l'a obtenu d'un semis de *Catawba* ; grappes d'une grosseur moyenne, très compactes, modérément ailées ; gros grains ordinaires et arrondis ;

chair douce, vineuse, acide au centre ; cépage assez vigoureux à feuillage bondant.

S V. **Mount Lebanon** (Lab.) — Dû à M. Geo. Curtis, de Mount Lebanon (Colombie), à l'aide d'*Amber espagnol* et d'*Isabella ;* cépage recommandé par M. Foster.

(C. P. H. B.) X. **Mustang** (Cand.) — Plante grimpante à grappes nombreuses et à grains toujours noirs extérieurement, bien qu'à pulpe blanche ou rouge sang. Fruit à goût détestable et plus ou moins acerbe ; en ajoutant du sucre et de l'esprit de vin au moût, on obtient un bon vin, très corsé, riche et fort agréable.   E. à Buckley.

S V. **North america.** — « Grappe petite, grains noirs, peu pulpeux et sans goût de cassis, hâtif, sans signe de *rot* ; peu fertile et peu connu. — Berckmans. »   E. à Pl.

(P.) **North Caroline** (Lab.) — Dû au vétéran et illustre pomologue J.-B. Garber, de Colombie, à l'aide de l'*Isabella.* Grappes d'une belle grosseur ordinaire, accidentellement ailées, modérément compactes ; grains gros, ovales, noirs avec une teinte bleue assez prononcée ; chair à pulpe douce ; cépage des plus productifs.   E. à Is. B.

Nothern muscadine (Lab.) — Grappes moyennes, très compactes, presque rondes ; grains d'une grosseur moyenne, colorés ; chair pulpeuse, douce et *foxée.*

(P-R.) X. **Norton's Virginia** (Æst.) — (Sy. *Norton, Norton's seedling.*) Né, en Virginie, de la graine d'un raisin sauvage, par les soins du Dr Norton. La grappe est longue, compacte et ailée ; les grains petits, noirs, à jus foncé, presque sans pulpe. Chair douce, à goût relevé ; espèce vigoureuse et productive, mais d'une reprise difficile. E. à Is. B.

S V. **Ontario** (Lab.) — (Sy. *Shaker, Union village.*) Grappes fortes, compactes, ailées ; grains très gros, noirs, oblongs ; chair douce et d'assez bonne qualité ; vigne susceptible et délicate, née parmi les Shakers, dans l'Ohio.   E. à Is. B.

(P.) **Oporto** (Cord.) — De la même race que le *Taylor's Bullit ;* grappes ordinairement très importantes ; grains petits, noirs, souvent très acides. Pauvre variété d'après Fuller.   E. à Is. B.

S V. **Onondaga** (Lab.) — Né à Fayetteville, comté d'Onondaga, à l'aide d'un *Diana* et d'un *Delawarre*, dont il conserve tous les caractères.

(P.) **Pauline** (Æst.) — (Sy. *Red-Lenoir.*) Raisin noir du Sud, à grappes fortes, longues et ailées, à petits grains, très serrés, et à chair relevée, vineuse et aromatique.   E. à Pl.

(P.) **Pedee** (Rotund.) — Variété tardive à fruits blancs et coriaces; baies jaune mordoré, couvertes de taches roussâtres. Jus peu vineux et fortement parfumé.   E à B.

Perkins (Lab.) — Variété précoce à grappes fortes, ailées et compactes ; grains moyens, oblongs, souvent aplatis par leur pression mutuelle, d'une couleur lilas pâle à maturité ; chair douce, juteuse, un peu foxée ; vigne vigoureuse et productive.   E. à Is. B.

(C. P. H. B.) X. **Post-Oak** (Linc.) — Vigne à forme buissonnante (non grimpante) et des plus rustiques ; baies grosses et agréablement parfumées, couleur noir pourpre, quelquefois ambrée au moment de la maturité.   E. à Buckley.

Rebecca (Lab.) — Venu accidentellement dans le jardin de M. Peake, d'Hudson ; cépage d'une constitution délicate à grappes moyennes, compactes, non ailées ; grains moyens, obovés, à chair tendre et douce.   E. à Is B.

Requa. — (R's.) Plante aussi vigoureuse que productive ; grappes fortes et ailées ; grains moyens arrondis à chair tendre et douce.
                                E. à Is. B.

(G. P.) X. **Richmont** (Rotund) — Variété à fruits noirs, légèrement ovoïdes ; jus sucré, vineux, très aromatisé; qualité excellente ; maturité précoce et régulière.   E. à Pl.

(P.) **Rentz** (Lab.) — Variété vigoureuse et productive à feuillage abondant ; grappes fortes, compactes, souvent ailées ; grains gros, ronds et noirs ; chair pulpeuse à goût musqué, à jus doux et abondant.
                                E. à Is. B.

(P.) X. **Rulander** (Æst.) — (Sy. *Sainte-Geneviève.*) Grappes assez petites, très compactes et ailées ; grains petits, noirs, sans pulpe, doux et délicieux, n'est sujet ni au *Rot*, ni au *Mildew*. Cépage vigoureux.
                                E à Is. B.

(G. P.-R. H B.) X. **Scuppernong** (Rotund.) — Vignes à baies jaune mordoré, plus ou moins bronzées à maturité ; fruits pulpeux, coriaces, jus vineux et fortement parfumé.   E. à Pl.

(G. P-R. L.) X. **Taylor** (Cord.) — (Sy. *Bullit* ou *Bullet.*) Le juge Taylor, de Jéricho, comté d'Henry (Kentucky) a écrit, le premier, la notice de cette plante ; grappes petites, à grains blancs, ronds et petits, ambrés, doux et sans pulpe. Plante plus ou moins vigoureuse suivant les sols. E. à Is. B.

(P-R. H.) **Telegraph** (Æst.) — M. Samuel Miller, de Bluffton, recommande ce cépage à grappes moyennes, très compactes et ailées ; à grains noirs avec fleur bleue, ovales et à chair juteuse, épicée. Variété précoce. E. à Is. B.

(H. B. P. G.) X. **Tender-Pulp** (Rotund.) — Variété précoce à fruit noir ; chair à pulpe juteuse, douce et vineuse. Plante vigoureuse.

(H. B. P.) X. **Thomas** (Rotund.) — Variété à fruit noir, tandis que le *Scuppernong* ne produit que des baies jaune mordoré. M. Thomas a obtenu cette sélection et en fait les plus grands éloges. Les grains sont gros, ronds, légèrement déprimés.

To-Kalon (Lab.) — (Sy. le *Wyman, Carter.*) Venu de Lansinburgh, ce cépage est vigoureux et fertile ; grappes fortes et ailées ; grains serrés, noirs et doux.

Venango (Lab.) — (Sy. *Miner's seedling.*) Grappes moyennes et compactes ; grains moyens, ronds, souvent aplatis, d'une couleur rouge pâle. Chair douce à pulpe *foxée.* E. à Is. B.

Una (Lab.) — Nouvelle variété obtenue par M. Bull, auquel on doit le *Concord* ; cépage précoce à fruit blanc.

Underhill's seedling (Lab.) — Plante vigoureuse et productive à fruits précoces ; grappes moyennes, modérément compactes ; grains ordinaires, ronds, teinte *Catawba* ; pulpe tendre, douce, riche et vineuse, légèrement *foxée.* E. à Is. B.

S. (P-R.) X. **York madeira** (Lab.) — (Sy. *Canby's August, Large German, Monteilh.*) Plante rustique, originaire du comté d'York. Grappes moyennes, compactes, ailées ; grains moyens, arrondis, noirs, doux, piquants, agréables. Maturité précoce.

S. **Weehawken.** — Raisin obtenu par le Dr Chas. Siedhof, d'Hoboken, à l'aide d'un semis de V. *Vinifera.*

9

— 138 —

(R.) **Wilder.** — (R's. hy.) Variété populaire fort recommandable
dont les *parents* sont inconnus. Grappes volumineuses, souvent ailées, à
gros grains presque noirs ; chair tendre, légèrement pulpeuse, agréable
et douce. Plante vigoureuse. E. à Is. B.

S V. **Wilmington** (Lab.) — Originaire de Wilmington, cette
plante est vigoureuse. Ses grappes sont grandes, souvent ailées ; ses
grains gros, ronds, d'un blanc jaune ; sa chair acide et sa maturité
tardive. E. à Pl.

Explication des Abréviations

(Lab.). . . . Labrusca.
(Æst.). . . . Æstivalis.
(Cord.) . . . Cordifolia.
(Rip.) . . . . Riparia.
(Rotund.) . Rotundifolia.
(Cand.) . . . Candicans.
(Linc.). . . . Lincecumii.
S V. . . . . . Cépage peu recommandable.
S. . . . . . . Cépage qui succombe.
(P.). . . . . . Cépage recommandé par M. Planchon.
(R.). . . . . . Cépage recommandé par M. Riley.
(T.). . . . . . Cépage recommandé par tous.
(L.). . . . . . Cépage recommandé par M. Laliman.
(H. B.). . . . Cépage recommandé par M. de Beaulieu.
(G.). . . . . . Cépage recommandé par nous.
(B.). . . . . . Cépage recommandé par M. Bush.
(A's hy.). . Allen's hybride.
(A's). . . . . Allen's.
(Ar's hy.). . Arnold's hybride.
(Ar's) . . . . Arnold's.
(R's hy.) . . Roger's hybride.
(R's) . . . . . Roger's.
E. à Is. B. Emprunté à Isidore Bush et Son, propriétaires ; traduit du cata-
logue illustré des vignes à grappes.
E. à Pl. . . Emprunté à M. Planchon.
E. à Dow. . Emprunté à Downing.
E. à B. . . . Emprunté à M. Berckmans.
E. à M. . . . Emprunté à M.
(Sy.). . . . . Synonyme.
X. . . . . . . Il en sera reparlé plus loin.

Il est hors de doute aujourd'hui que quelques-unes des variétés de cette longue énumération auront seules la bonne fortune d'échapper aux piqûres de l'insecte *vastatrix*. Plusieurs bons esprits, tels que MM. Planchon et Riley, prétendent que plusieurs espèces du genre *Labrusca* peuvent vivre avec l'aphis, se fondant sur ce qui se passe aux Etats-Unis pour établir ces faits.

M. Riley conseille la culture du *Wilder*, M. Planchon préconise le *Concord*, l'*Ives seedling*, le *Dracut amber*, l'*Israelle*, la *Marthe*, la *Christine*, l'*York madeira ;* il nous est impossible de partager cette confiance. Nous croyons, avec beaucoup de praticiens, que les vignes du type *Labrusca* et leurs dérivés, sont tous condamnés à une mort certaine. Il peut se faire qu'aux Etats-Unis, où la végétation du *Concord* et de certains cépages, recommandés par MM. Riley,

Bush et Planchon, que le ravage du *Phylloxera* ne soit pas à redouter pour ces plantes,
douées, là-bas, d'une vigueur exceptionnelle,
mais le climat et le sol français semblent si
peu convenir à ces mêmes variétés, qu'elles
ont de la peine à prospérer ici: Le *Concord*
meurt chez M. Fabre, meurt chez M. Laliman;
l'Entomologiste bordelais est persuadé, il a la
preuve que c'est le *Phylloxera* qui tue cette
plante[1].

Croire que les essais faits ne sont pas suffisants, c'est fort juste, mais se servir de preuves

---

[1] Sur environ 180 variétés que possède M. Laliman, « 4 ou 5 spéci-
mens des genres *Æstivalis*, *Cordifolia*, *Rotundifolia*, ou *Candicans* paraissent seuls tenir tête à l'épidémie.

« Il y a d'abord une variété de CORDIFOLIA, *Clinton* à feuilles très
épaisses et lobées ; les jeunes flages fort rustiques, légèrement cotonneuses ainsi que le dessous des feuilles, cette variété ne doit pas être
confondue avec une autre portant le même nom, dont les pampres sont
lisses, très allongés, fort délicats et complètement glabres. Le fruit de
la première est composé de baies à jus très noir, plutôt que de grappes
véritables. Son goût n'est ni agréable ni désagréable ; ses sarments sont
rouges à l'état herbacé. »

Dans la même série, M. Laliman met « une variété de *Bland*, plus
vigoureuse que la véritable, mais lui ressemblant beaucoup : son fruit

prises à l'étranger, sous d'autres latitudes et d'autres influences, pour affirmer la résistance de certaines variétés du type *Labrusca*, c'est s'engager dans une fausse voie et y jeter bien fâcheusement ceux qui peuvent penser qu'un professeur ne doit pas se tromper.

Pour nous, qui n'avons pas les mêmes convictions et qui pouvons même dire que les nôtres sont celles des Fabre, des Laliman, des de Beaulieu, nous aimons mieux laisser les *Labrusca* de côté que de courir les risques d'induire nos lecteurs en erreur.

est noir et moins foncé ; ses grappes moyennes et abondantes, à graius serrés ; son vin mêlé à d'autres fait très bien, il mûrit de bonne heure ; sa feuille est aussi un peu plus épaisse que celle de l'*York-Madeira* et cotonneuse dessous. » Il indique aussi un cep, qui a quelque rapport avec les *Rotundifolia* et les *Cordifolia*, et qui n'est cependant, ni un *Scuppernong*, ni un *Clinton*. Il cite aussi le *Vitis candicans*, comme étant d'une vigueur exceptionnelle. Les variétés de ce genre sont généralement infécondes, mais la facilité avec laquelle elles acceptent la greffe, aux dires de MM. Buckley et Lindheimer, botanistes américains, doit nous les rendre fort précieuses. En dehors de ces différents cépages, M. Laliman préconise, d'une façon spéciale, le *Lenoir*, le *Long*, le *Jacquez* et l'*Herbemont*.

Voici les cépages que nous indiquons :

CLINTON ou WORTHINGTON

TAYLOR ou BULLIT

GOLDEN-CLINTON

MUSTANG

POST-OAK

LENOIR ou LOUISVILLE

JACQUEZ ou OHIO

LONG ou CUNNINGHAM

WARREN ou HERBEMONT

M. Fabre préconise le *Clinton* ; M. Laliman recommande spécialement les *Jacquez, Lenoir, Cunningham* et *Warren*, tant pour la qualité de leurs produits que pour leur résistance au *Phylloxera*.

Si le malheur voulait que ces cépages succombassent un jour sous le suçoir du fatal puceron, il ne resterait plus que les cépages indemnes :

SCUPPERNONG

FLOWER'S

THOMAS

MISH

TENDER-PULP

PEDEE

Tous les savants européens et américains reconnaissent et proclament l'immunité de ces vignes pour lesquelles M. Le Hardy de Beaulieu a entrepris, l'an dernier, une croisade en Europe.

Les *Muscadines* non-seulement se défendent contre les piqûres de l'insecte, mais semblent encore l'éloigner de leurs radicelles. « A quoi tient cette immunité exceptionnelle des racines de ces vignes, écrit M. le Dr Planchon? Je ne saurais à cet égard hasarder qu'une conjecture, c'est que le goût de ces racines ne convient pas à l'insecte suçeur. En effet, les radicelles du *Scuppernong*, lorsqu'on les mâche, laissent dans la bouche un arrière-goût d'âcreté qu'on retrouve à peine chez les radicelles de nos vignes d'Europe et de celles d'Amérique autres que les *Rotundifolia*. Or, bien que le *Phylloxera* n'ait pas besoin, comme certains pucerons, de trouver dans les organes qu'il suce un principe sucré tout formé, on peut supposer, sans trop de hardiesse, qu'il préfère des racines manifestement douceâtres à des racines dans lesquelles une saveur acide serait associée à la saveur fade qui se révèle à la première impression.

« Quoiqu'il en soit, du reste, de la valeur de cette hypothèse, le fait important c'est l'immunité apparemment absolue des *Vitis Rotundifolia* vis-à-vis du *Phylloxera*. » La sève qui circule dans le système radiculaire des vignes de ce type est si corrosive et le bois si dur, qu'il ne faut pas chercher plus loin la résistance des *Muscadines*.

Après le voyage de M. Planchon en Amérique, ses déclarations, ses écrits, il est impossible de mettre en doute le *caractère indemne* de ces variétés et l'on peut affirmer que ces mêmes cépages résisteront aussi en France, si le climat et le sol arrivent à leur convenir. Là, est le salut de notre viticulture!

Nous avons, il y a plus de deux ans, signalé ces faits, que M. Le Hardy de Beaulieu s'est donné, l'an dernier, la peine de venir nous confirmer avec toutes les explications désirables.

Dans une réunion que nous avions sollicitée d'une société éminemment bienveillante et où M. Laliman avait bien voulu nous servir d'introducteur, nous avons lu un rapport très circonstancié sur les *Vulpina*, leur culture, leur avenir.

Ce rapport se trouve annexé à la fin de cet ouvrage et émane de la plume distinguée de M. de Beaulieu ; nous ne voulons pas anticiper sur ce que l'auteur y dit : nous craindrions de faire tort à son mérite et d'en voiler l'éclat. Les journaux d'agriculture de M. Lecouteux et de M. Barral en ont largement parlé ; des journaux politiques de Paris et de la province, la *Patrie*, l'*Indre-et-Loire*, le *Charentais*, etc., etc., ont cru devoir reproduire nos articles sur les *Vulpina*, dont nous étions, le premier, à vanter les qualités, mais nous devons, en passant, nous faire aussi l'écho des griefs qui se sont élevés contre les vignes de ce genre.

On leur reproche de pousser d'une façon médiocre, peu satisfaisante ; on leur reproche leur développement considérable qui obligerait à modifier nos cultures locales ; on leur reproche enfin de produire des vins peu alcooliques (leur abondance en un mot), qualités ou défauts résultant de leur nature rebelle à toute taille.

Les Muscadines : *Scuppernong, Flower's, Thomas, Mish, Tender-pulp, Richmont,*

Pedee, acquièrent, dans les sols qui leur conviennent, des dimensions vraiment extraordinaires. On en cite un pied qui, planté dans
l'île de Roanohe, tout près de la petite rivière
de *Scuppernong* (nom indien d'où une de ces
variétés tire son nom), couvre à lui seul plus de
40 ares d'étendue. M. Planchon affirme que
M. Labiaux lui a signalé un *Scuppernong*
s'étendant sur plus de 80 ares. On s'expliquera
plus ou moins qu'une seule treille puisse couvrir d'aussi grande étendue par les renseignements suivants, que nous empruntons à l'auteur des *Vignes américaines,* au sujet du
Scuppernong de M. J.-A. Cheatam, de Rid-
geway. « Des racines adventives se détachent
des sarments aériens placés sous le fourré de
ramuscules qui constitue le dais de cette treille.
Cette disposition à pousser des radicelles dans
l'air est très singulière chez une plante qu'on
a tant de peine à bouturer, et qui ne s'enracine

guère, que par des marcottes faites pendant la période de végétation. Les radicelles adventives se soudent parfois entre elles, formant alors de larges lames régulièrement frangées. »

Les *Rotundifolia* sont très répandus dans le sud des Etats-Unis, notamment dans la Géorgie et les deux Carolines. Les cépages de ce groupe sont les vignes des pays chauds ; néanmoins si elles souffrent beaucoup des gelées au nord de la Caroline, elles peuvent vivre, en France, en plein Beaujolais, et M. Pulliat, de Chiroubles (Rhône), en obtient des raisins, dès les premiers jours d'octobre.

La culture directe des cépages appartenant au genre *Rotundifolia,* comme producteurs de vin, a été généralement repoussée en Europe, où la routine et la question de parti-pris ont toujours la vogue. Le courage qu'a montré M. Planchon, en pareil cas, mérite à tous égards nos éloges, lorsqu'il semble en

conseiller la culture « en Algérie, dans le sud
de l'Espagne, de l'Italie et même de la
France. » Nous regrettons sincèrement que
l'intéressant entomologiste n'ait pas eu le
temps de visiter les vignobles du sud des
Etats-Unis et soit remonté si vite vers Balti-
more, au lieu d'aller jusqu'à Atlanta, et
d'Atlanta à Roma, en passant par Augusta.
Il y aurait vu « la culture en grand du type
de vigne le plus curieux de tous, le plus ori-
ginal et le plus spécial aux Etats du sud, le
Scuppernong et ses proches alliés. » Il aurait
entrevu l'avenir réservé à ces diverses variétés
et nous aurait fait part de ses observations.

Le docteur Wylie, de la Caroline du sud,
vient de « gagner un semis hybride entre
Delawarre et *Scuppernong ;* le fruit est plus
gros que celui du *Delawarre*, tandis que le
bois tient beaucoup du *Scuppernong*. » Si ces
faits signalés par M. Planchon, qui les tient

de M. Berckmans, sont exacts, c'est le commencement d'une nouvelle race qui sera fort
précieuse et entrainera, dans l'avenir, une
grande révolution viticole.

« Grâce à de précieux renseignements obtenus pendant mon séjour dans le Midi de la
France, nous écrit M. de Beaulieu, j'ai pu
faire, en 1874, un vin de *Scuppernong* exquis ;
il a de l'analogie avec les bons vins blancs
de Touraine, avec plus de corps et un arôme
qui tient de l'ananas.

» Si l'on parvient à acclimater les *Rotundifolia*, je reste convaincu que l'on en fera des
vins marquants. »

Il faut vouloir et savoir se servir des vignes
de ce genre comme plantes à vin et non
comme porte-greffes de nos cépages d'Europe.
La différence si tranchée entre le bois dur et
compact des *Muscadines* et le bois tendre des
autres genres laisse peu d'espoir que la greffe

puisse s'opérer des unes aux autres. Toutes les tentatives faites jusqu'à ce jour, pour les greffer, ont toutes complètement échoué. Il est vrai que la greffe, par approche, n'a pas dit son dernier mot et que l'avenir nous réserve, sans doute à ce sujet, quelques heureuses découvertes ! Les *Vitis Rotundifolia* méritent, à tous égards, l'attention des viticulteurs. Dans l'indécision générale où nous place le *Phylloxera*, les vignes de ce groupe sont peut-être les seules vignes de l'avenir. En attendant que la lumière se fasse complètement sur elles, n'en disons pas trop de mal, de peur d'en être plus tard réduits à en dire du bien, lorsque nous n'aurons plus qu'elles pour nous fournir le vin dont nos corps sont avides.

Nous allons exposer, dans un tableau, les cépages recommandés par MM. Riley, de Beaulieu, Planchon, Laliman et nous-même, en raison de leur résistance au *Phylloxera* :

CÉPAGES RECOMMANDÉS

	RILEY	BEAULIEU	PLANCHON	LALIMAN [1]	L'AUTEUR
ROTUNDIFOLIA	Scuppernong	Scuppernong	Scuppernong	»	Scuppernong
	Mish	Mish	Mish	»	Mish
	Flower's	Flower's	Flower's	»	Flower's
	Thomas	Thomas	Thomas	»	Thomas
	Tender-Pulp	Tendr-Pulp	Tender-Pulp	»	Tender-Pulp
	Richmond	Richmond	Richmond	»	Richmond
	Pedee	Pedee	Pedee	»	Pedee
	»	»	»	»	Wilie [2]
ÆSTIVALIS	Herbemont	»	Herbemont	Herbemont	Herbemont
	Cunningham	»	Cunningham	Cunningham	Cunningham
	Hermann	»	Hermann	»	»
	Jacquez	»	Jacquez	Jacquez	Jacquez
	Lenoir	»	Lenoir	Lenoir	Lenoir
	Norton's virginia	»	Norton's virginia	»	»
	Black-July	»	Black-July	Black-July	»
	Cynthiana	»	Cynthiana	»	»
	Louisiana	»	Louisiana	»	»
	Pauline	»	Pauline	»	»
	Telegraph	»	Telegraph	Christine [3]	»
COR. ou RIP.	Clinton	Clinton	Clinton	Clinton	Clinton
	Taylor	Taylor	Taylor	Taylor	Taylor
	Golden-Clinton	»	Golden-Clinton	»	»
	Marion	»	Marion	»	»
	»	»	Vitis solonis [4]	Clinton nº 1 [5]	»
LABRUSCA	Concord	»	Concord	»	»
	Ives seedling	»	Ives seedling	»	»
	Dracut amber	»	Dracut amber	»	»
	Israella	»	Israella	»	»
	Martha	»	Martha	»	»
	York madeira	»	York madeira	»	»
R's	Wilder	»	»	»	»
CAND.	»	Mustang	Mustang	»	Mustang
LINC.	»	Post-Oak	Post-Oak	»	Post-Oak

[1] M. Laliman ne croit pas à la résistance des *Labrusca* et est convaincu que les *Rotundifolia* ne doivent pas pouvoir supporter notre climat.

[2] *Wilie*, nouvelle variété obtenue par M. Wilie, à l'aide du *Scuppernong* et du *Delaware*.

[3] La véritable *Christine* des États-Unis est un *Labrusca* ; celle ainsi nommée par M. Laliman est un *Æstivalis*, désigné dans les catalogues américains sous le nom de *Telegraph*.

[4] Le *Vitis Solonis*, feuilles suborbiculaires, largement cordées, légèrement trilobées avec lobes longuement cuspidés, incisées-dentées; face supérieure à la fin glabrescente; l'inférieure couverte sur les nervures, et souvent sur tout le limbe, d'une pubescence courte, molle et grisâtre, non feutrée; grappes petites et grains petits et noirs, renfermant une seule graine, à raphé peu saillant.　　　　　　　　　　　　　　　　　　　　　　　　　E. à Pl.

[5] Le *Clinton* nº 1 de M. Laliman est un *Vitis Solonis.*

LES SYSTÈMES.

‒ Avec les vignes dont nous venons d'exposer la nomenclature, on a plusieurs moyens[1] fort simples de conserver, en Europe, la culture de

[1] Dans la culture actuelle, on multiplie les *Vitis Vinifera* à l'aide de boutures, de chevelées ou de plants enracinés provenant de boutures ; à à ce sujet, voici quelques détails qui doivent avoir ici leur raison d'être :

« La *bouture* est un sarment de l'année coupé sur un cep et mis en terre sans racine.

» La *chevelée* est un sarment couché sous terre et ayant pris racine sans être séparé du cep.

» Le *plant enraciné* est une bouture ayant pris racine en pépinière.

» La plantation directe de la vigne en boutures, lorsqu'elle est praticable, est préférable à la plantation en plant enraciné et surtout à la plantation en chevelée : 1° parce que le bonne reprise de la bouture sur place avance au moins d'un an l'époque de produit ; 2° parce qu'elle constitue immédiatement un arbrisseau parfait, ayant son mésophyte, ses racines et sa tige, sans que la transplantation ait à lui faire subir une mutilation : l'expérience prouve que le cep, ainsi obtenu sur place, a plus de vigueur et de durée ; 3° parce que la bouture économise le temps et les façons, par conséquent la dépense de la production de la chevelée et du plant enraciné. Malheureusement, dans les terrains trop légers et trop maigres, la bouture ne réussit point ou réussit mal, et, dans ces deux cas, elle entraîne des retards, elle nécessite des replantations et il en résulte des irrégularités de lignes et des inégalités d'âge, qui sont extrêmement préjudiciables par les dépenses qu'elles entraînent ultérieurement.

» La plantation en chevelée est beaucoup plus sûre que la plantation en boutures ; pour peu que les chevelées aient été levées avec soin et qu'on·les replace promptement dans un bon lit bien gras et bien ameubli, elles réussissent toujours et poussent vigoureusement. Mais la chevelée suppose le voisinage d'un grand vignoble fourni d'un grand nombre de

10

la vigne, malgré les ravages du *Phylloxera ;* voici ces divers procédés :

I. *Les Semis ;*

II. *La Propagation par le système Hud-delot ;*

ceps qu'on veut propager ; on ne tire pas les chevelées du cep sans un grand inconvénient pour la vigne mère ; elles deviennent fort coûteuses ; enfin elles présentent des colliers de racines le long d'une tige souterraine, disposition peu physiologique et peu durable dans la vigne en plein champ. Une vigne bien tenue ne comporte pas la production de chevelées, et les chevelées ne produisent pas une vigne robuste.

» Le plant enraciné, provenant de boutures mises en pépinières, ne présente aucun des inconvénients de la chevelée : on le produit très économiquement, il offre la constitution normale de l'arbrisseau isolé, on le lève avec facilité au moment de la transplantation, et sa reprise est aussi assurée que celle de la chevelée.

» La bouture et le plant enraciné sont, en effet, les seuls bons éléments de l'extension et de la création des vignobles, ; mais, pour faire le plant enraciné, il faut employer d'abord la bouture.

» Tout sarment de l'année, coupé fraîchement d'un cep ou d'une treille, de novembre en avril, portant deux yeux, l'un en terre et l'autre hors de terre, constitue à la rigueur une bouture ; deux yeux en terre valent mieux qu'un œil, trois yeux sont meilleurs que deux ; un plus grand nombre d'yeux est inutile et même nuisible, parce que les racines prises au quatrième, cinquième et sixième œil sont trop séparées de la tige et ont besoin d'un enfouissement à une trop grande profondeur ou d'un trop fort couchage, si le sol végétal n'est pas assez profond. Quant à la crossette, qui n'est autre chose qu'un sarment au pied duquel on a conservé un tronçon de vieux bois, elle est inférieure, en tout point, au simple sarment, elle constitue une mauvaise origine radiculaire, une circulation difficile et embarrassée dans le vieux bois, et, en outre, il faut beaucoup plus de temps pour la trouver et la disposer, et, par conséquent, son prix d'achat est beaucoup plus élevé.   GUYOT. »

III. *Le Marcottage ;*

IV. *Le Bouturage ;*

V. *Les Systèmes de greffage pour transformer ou conserver nos vignobles.*

Ces divers systèmes, grâce au bouturage,
sont des plus usités ; les voici exposés :

1º La plantation des cépages américains (la
bouture) pour en avoir les produits directs ;

2º La plantation des cépages des Etats-Unis
pour servir plus tard de porte-greffes à des
cépages choisis ;

3º La plantation des boutures américaines
greffées elles-mêmes, avant leur plantation,
avec le cépage dont on veut conserver les
produits ;

4º La greffe au collet ou sur souche, pour
opérer la transformation immédiate d'un
vignoble *phylloxéré* en un vignoble vigoureux
et obtenir, deux ans après, des vins américains ;

5° La greffe-provin, pour ne pas avoir de perte de récolte, ni de perte de temps ;

6° La double greffe au collet, pour se servir ou profiter du reste de sève qui peut encore circuler dans les ceps à l'agonie ;

7° La greffe d'yeux détachés sur les racines;

8° La greffe anglaise en double bouture ;

9° La greffe asiatique ou chinoise ;

10° La greffe par chevelée, sur le bas de la tige (hors terre) ;

11° La greffe en écusson (hors terre);

12° La greffe en plaçage;

13° La greffe marcotte ;

14° La greffe par inoculation ;

15° La greffe par approche;

I. Les Semis.

De tous les moyens qui viennent d'être indiqués, le plus naturel, le moins usuel et le plus défectueux, pour arriver à des résultats

rapides, est assurément ce mode de multiplication, appliqué en grand par les viticulteurs
des Etats-Unis. Les Yankees, avec leur persévérance habituelle, sont arrivés, dans un laps de
temps relativement très court, à créer de
nombreuses variétés de vignes plus ou moins
fructifères, plus ou moins étonnantes. Tandis
que la vieille Europe, satisfaite de ses variétés
asiatico - européennes, restait dans l'inaction
ou souriait dédaigneusement aux efforts de
M. Bouschet, la jeune Amérique, sans perdre
une minute, arrivait à des créations [très per-
fectionnées, malgré tous les inconvénients du
semis[1].

« Ce mode de propagation sera toujours, dit
M. Planchon, une ressource exceptionnelle

---

[1] Le premier inconvénient, c'est qu'on n'est pas sûr, en semant une
variété perfectionnée, de ne pas retourner plus ou moins vers le sau-
vageon d'où elle dérive ; le second, c'est que la plupart des vignes sont
polygamo-dioïques et que le semis donne beaucoup de pieds mâles qui ne
sauraient porter fruit ; le troisième, c'est que les pieds de semis mettent
de trois à dix ans à montrer leur vraie nature par leurs raisins. E. à Pl.

pour la recherche de variétés nouvelles, et non un moyen pratique de multiplier les anciennes. Le choix des semences est chose délicate. Il faut avoir le soin de cueillir « des raisins bien mûris et que l'on fait sécher pour les garder jusqu'au printemps, ou bien dont on sépare immédiatement les pepins en les stratifiant dans du sable un peu humide, tenu en cave jusqu'à l'époque du semis en plein air, ou sur une couche chaude. M. Fuller préfère le plein air, parce que les plants y deviennent plus robustes, les plus faibles y succombant d'eux-mêmes aux diverses intempéries. Le sol des couches à semis doit être profondément défoncé, friable, tamisé, additionné de fumier bien consommé, à moins qu'il ne soit riche naturellement. Semées au printemps, pas trop serrées dans les lignes (3 ou 5 centimètres de l'une à l'autre), ces graines donnent bientôt de jeunes plants, que l'on a soin d'ombrer dans

leur très jeune âge, de sarcler, d'attacher, dès
qu'ils ont trois feuilles, à de petits tuteurs,
avantageusement remplacés, en certains cas,
par des semis de pommier ou de poirier faits
en même temps que les vignes, naissant un
peu avant celles-ci et leur servant de tuteurs
la première année. Dès que le froid a tué les
feuilles, les plants de vignes d'un an sont
arrachés et stratifiés dans un sol sec, après
amputation d'une portion de leur pousse et
d'une moitié de leur pivot radiculaire. On les
replante au printemps suivant, en ne leur
laissant que dix centimètres environ de tige et
les espaçant de 0^m 90 à 1^m 20 dans un sens et
de 1^m 20 dans l'autre. (E. à Pl.) » Les années
suivantes, on donne plusieurs sarclages à ces
jeunes plants ; on cherche à donner de la force
aux pieds en pinçant les têtes et abattant les
petits sarments latéraux, et l'on surveille l'époque (4 ou 5 ans) où ces jeunes vignes commen-

cent à se mettre à fruit, afin de les soumettre
à un triage sévère.

Par ces détails, il est facile de voir que si
les semis sont les modes les plus naturels de
multiplication de la vigne, ce sont aussi les
moyens les plus longs, ceux, en un mot, que
la culture peut le moins accepter.

II. Propagation par le système Huddelot.

Ce système, qui a fait, pour ainsi dire, le
tour du monde, préconisé en Amérique aussi
bien qu'en France, ne présente des avantages
sérieux que pour la propagation des espèces
rares ou pour la reproduction de certaines
variétés dont on aurait seulement quelques
sarments.

Après avoir préparé convenablement le sol
où l'on veut faire le semis Huddelot, on coupe
le sarment à un centimètre environ au-dessus
et au-dessous de la partie renflée (du nœud ou

de l'œil) et l'on rejette toutes les parties inter-
médiaires. Les boutons ou yeux sont semés en
lignes espacées de trente centimètres et distants, les uns des autres, de vingt centimètres,
puis on les recouvre d'une terre très fine, environ cinq centimètres, en ayant soin d'arroser
fréquemment la couche, même après la naissance des bourgeons. M. Planchon engage,
d'après M. Fuller, à râcler les tronçons en
long, du côté opposé à l'œil, ou à enlever en
dessous « une tranche qui mette la moëlle à
nu et multiplie la surface d'où le cambium
s'organisera en racines adventives, » puis à
coucher « horizontalement dans le sable, l'œil
regardant en dessus et recouvert d'une couche
de six millimètres environ de sable un peu
tassé ; » il ajoute encore qu'on peut tailler le
sarment assez ras en dessous de l'œil, « mais
en laissant près de 4 centimètres de bois au-
dessus, » ou le tailler « assez près de l'œil en

dessus, en laissant en dessous un assez long talon coupé en bec de plume. Dans ces deux cas, on enfonce les tronçons obliquement dans le sable, dont on laisse toujours une mince couche au-dessus de l'œil. On opère avec des sarments bien aoûtés, coupés à l'automne, stratifiés et tenus en cave en hiver : on les tronçonne et on les plante au premier printemps, si l'on emploie les couches chaudes, ou plus tard, une fois les premières chaleurs venues, si l'on agit en plein air. » Tous ces procédés de propagation par bouturage d'yeux détachés ne sont guère applicables en grand et restent dans le domaine de la très petite culture, de la culture des amateurs et des savants.

III. LE MARCOTTAGE.

Le Marcottage est le meilleur moyen, jusqu'ici connu, pour multiplier les vignes des groupes *Rotundifolia* et *Æstivalis*. Dans la grande culture, on obtient les marcottes, en recouvrant (lors des premières façons données à la vigne) d'une couche de terre de dix à quinze centimètres, une portion de sarment dont l'extrémité est laissée libre. Ce sarment émet des racines dans ses parties recouvertes de terre.

Dans son *Étude sur la Viticulture et sur la Vinification*, M. Clément Prieur nous dit, si nous voulons obtenir des marcottes en quantité, de procéder de la façon suivante :

« Ouvrez au pied du cep une raie profonde de 10 à 12 centimètres, assez longue pour y loger le sarment, à l'exception des deux ou trois derniers yeux, et rabattez le sarment au fond de la raie en le maintenant à l'aide de petits crochets ou simplement de pierres. Lorsque le sarment a produit des bourgeons de 10 centimètres, recouvrez-le légèrement de terre en obligeant les bourgeons à rester dans la position verticale; dix ou quinze jours plus tard, vous rabattez la terre de manière à en recouvrir le sarment d'une couche de 10 centimètres environ et vous abandonnez les choses à leur cours naturel, après avoir toutefois pincé tous les bourgeons, dont la plupart vous donneront deux grappes chacun, vous pourrez obtenir ainsi de dix à vingt-cinq chevelées » par chaque sarment ainsi traité.

Empruntant à M. Fuller certaines indications à ce sujet, M. Planchon nous dit :

On taille très près du sol, de manière à ne laisser pousser qu'un sarment, qu'on fixe à un échalas et qu'on taille à trois ou quatre yeux à l'automne (après la chute des feuilles); au printemps suivant, on ne laisse pousser que deux sarments, qu'on attache également à l'échalas primitif. Si les deux sarments de deuxième année sont vigoureux (qu'ils aient par exemple de 1ᵐ 80 à 2ᵐ 40 de long), on peut s'en servir le printemps d'après (troisième année) comme provins; sinon, on supprime entièrement le plus faible, on taille l'autre à deux ou trois yeux et l'on ne laisse encore que deux sarments

pour la pousse de troisième année ; au printemps
fin février ou 1ᵉʳ mars de l'année suivante (3ᵉ ou 4ᵉ
année, suivant le cas), on procède au provignage.
Pour cela, on taille à trois ou quatre yeux un des
sarments, on raccourcit à une longueur 1ᵐ 80 à 2ᵐ 10
le sarment le plus vigoureux : c'est celui qui va
servir de provin ; on creuse dans le sol une rigole
ou tranchée d'environ 0ᵐ 10 à 0ᵐ 16 de profondeur,
avec une longueur égale à celle du sarment ; on
abaisse le sarment, on l'assujettit à plat au fond de
la rigole, au moyen de crochets en bois ou d'une
ou deux pierres. La tranchée reste ouverte et ne
commence à être comblée que peu à peu, à mesure
que les pousses de la marcotte ont pris de la consistance, et ne risquent pas de pourrir dans la terre
humide. Parmi ces pousses, on ne conserve que
celles dont la vigueur est évidente ; on supprime
de bonne heure celles qui sont faibles ou mal
venues : les plus fortes sont habituellement celles
de la base et de l'extrémité du provin (dans ce cas
on a soin de les pincer, pour ne pas trop sacrifier
leurs voisines) ; un sarment vigoureux peut donner
de quatre à six pousses. A chacune on donne un
échalas, qui en facilite la croissance verticale. A la
fin de la saison ou au printemps d'après, on peut
opérer le tronçonnement du provin en déterrant ce
dernier dans toute sa longueur, avec une pioche, et

séparant successivement chaque pousse ou sarment
latéral, à partir du plus voisin du pied mère, et
laissant à chaque jet la portion de sarment enracinée qui s'étend de sa base à la base du jet qui le
précède. Ainsi séparés, les jets d'un seul provin
deviennent autant de boutures enracinées

qui peuvent elles-mêmes fournir plus tard des
marcottes, suivant la méthode américaine.

Ces détails, quoique longs, nous ont paru
intéressants et utiles à reproduire.

IV. Le Bouturage.

Le Bouturage est le mode de plantation le
plus commode et le plus usité; il consiste à
prendre des sarments d'une assez grande
longueur (0^m 50 centimètres) que l'on plante
en enterrant la partie inférieure à une profondeur de 0^m 25 à 0^m 30, à l'aide d'un pal en
fer ou de tout autre outil, selon les usages
locaux.

La récolte des boutures se fait généralement, dans le midi et l'ouest de la France, à l'époque de la taille ; on choisit de préférence « les sarments les mieux aoûtés aux nœuds rapprochés et surtout ceux qui portent encore les traces des raisins qu'ils ont donnés à la dernière vendange. (Cl. Prieur). »

Pour conserver le plant en bon état, on a recours à la stratification, à l'aide de fosses creusées « en talus et assez larges pour que le plan puisse y loger dans le sens de sa longueur. On dispose le plant par couches de 8 à 10 centimètres, la crossette appuyée sur le côté le plus profond de la fosse. (Cl. Prieur.) » « Aux Etats-Unis, où les sarments ont plus de valeur qu'en Europe, on emploie généralement des boutures bien plus courtes (de 15 à 20 centimètres), comprenant deux, trois yeux, plus rarement un seul. Seulement, on enterre ces boutures dans un sol bien préparé (ameubli, engraissé de terreau ou de composts consommés), de façon à ce que l'œil supérieur soit recouvert d'une légère couche de terre et que le bout seul du sarment, taillé obliquement un peu au-dessus de l'œil, affleure juste à la surface; encore prend-on la précaution de recouvrir les couches à boutures d'une épaisseur de paille qui les préserve des froids et de la dessiccation. Une autre précaution que prennent les Américains, c'est de stratifier, soit dans des fosses en plein vent, à l'exposition du nord, soit dans le sable modérément humide d'une cave, les sarments bien aoûtés que l'on a coupés en automne, et dont on doit tirer les boutures au printemps. (Planchon.) »

V. Des divers Systèmes de Greffage pour transformer ou conserver nos vignobles.

1° *La plantation des cépages américains (le bouturage) pour en avoir les produits directs.* — Cette méthode dont nous venons

de parler, à propos du bouturage, est le
procédé le plus simple, mais ce moyen ne
peut convenir à tous les viticulteurs, surtout à
ceux qui tiennent à conserver les variétés qu'ils
ont toujours cultivées et auxquelles ils doivent
la renommée de leurs vignobles. A ceux qui
préfèreront néanmoins cette manière de procéder, nous indiquons les cépages suivants :

JACQUEZ LALIMAN

LONG ou CUNNINGHAM

LOUISVILLE ou LENOIR

WARREN ou HERBEMONT

CLINTON ou WORTHINGTON

TAYLOR ou BULLIT

SCUPPERNONG

FLOWER'S

THOMAS

TENDER-PULP

RICHMOND

WILIE'S

Nous devons rappeler, toutefois, qu'à l'exception du *Clinton* et du *Taylor*, qui poussent de bouture « comme des saules, presque sans soin (Planchon), » les *Æstivalis*, *Jacquez*, *Long*, *Lenoir* et *Warren* exigent certains soins dont nous avons parlé, en temps et lieu ; leur reprise est souvent si douteuse qu'il serait même prudent de toujours les planter en chevelée, c'est-à-dire après une année ou deux de pépinière. Quant aux vignes du groupe ROTUNDIFOLIA : *Scuppernong*, *Flower's*, *Thomas*, *Tender-Pulp* et *Richmond*, « cépages absolument réfractaires au bouturage (Planchon), » on ne peut les employer, avec certitude de succès, qu'à l'état de marcottes, c'est-à-dire, si elles sont enracinées.

2° *La plantation des cépages des Etats-Unis pour servir plus tard de porte-greffes à des cépages choisis.* — Ce système conviendra sans doute mieux à cette grande catégorie de vignerons que nous venons de désigner. Parmi les cépages dejà indiqués, les viticulteurs qui voudront opérer ainsi devront prendre de préférence :

CLINTON

TAYLOR

MUSTANG

POST-OAK

mais, pour effectuer la transformation de leurs plantations de cépages américains en cépages qu'ils choisiront, ils seront contraints d'attendre le développement radiculaire des boutures en terre.

3° *La plantation des boutures améri-caines greffées elles-mêmes, avant leur plantation, avec le cépage dont on veut conserver ou obtenir les produits.* — Pour ne pas perdre un temps précieux, on pourrait planter des boutures américaines greffées elles-mêmes, avant leur plantation, avec la variété dont on veut conserver les produits, on gagnerait ainsi un an et même deux années, et l'avantage est assez considérable pour qu'on puisse y réfléchir. Ce mode de procéder n'exige pas plus de soins que les autres : en mettant le plant en terre, il suffit de se rendre compte si la ligature n'est pas dérangée et si elle se trouve assez basse (en terre), pour que la sécheresse ne l'incommode pas. Ce système, préconisé par M. Bouschet de Bernard, a le grand avantage de donner, pour ainsi dire immédiatement, à nos plants français, des racines américaines ou résistantes aux attaques du puceron.

4° *La greffe au collet ou sur souche, pour opérer la transformation immédiate d'un vignoble phylloxéré en un vignoble vigoureux.* — M. Fabre, propriétaire à Saint-Clément (Hérault), a préféré se servir immédiatement de la greffe au collet ou sur

souche française, pour reconstituer son vignoble, aux trois quarts détruit.

Ayant vu son domaine, en quelque sorte
foudroyé par le mal, M. Fabre n'attendit pas
les constatations de la science, pour transformer
son vignoble ruiné en plantations pleines de
vigueur et d'avenir. Tandis que tous les
viticulteurs se laissaient abattre par le fléau
destructeur, l'intelligent agronome s'empressait
de faire *déchausser* et couper en terre, à la
naissance du système radiculaire, par conséquent à 25 ou 30 centimètres de profondeur,
plus de 150,000 pieds de vignes frappés par
le mal; puis il les fit aussitôt greffer (à cette
profondeur), avec des boutures de *Clinton*.
L'opération faite sur une si grande échelle, a
parfaitement réussi et, dès la première année,
les boutures devinrent fort belles, dépassant
même tout ce qu'on avait espéré de réussite.

Au moment de l'opération, M. Fabre avait

eu le soin de faire donner une forte façon aux vignobles qu'il voulait traiter de la sorte, afin d'en rendre le sol très meuble, autour de la bouture. De cette manière, les jeunes plants se sont trouvés en partie couverts de terre et ont pu émettre plus facilement leurs radicelles dans toutes les directions; ces radicelles ont contribué puissamment à leur développement, au moment même où ils tiraient leur principale nourriture de la souche à laquelle ils avaient été fixés par la greffe.

La souche *phylloxérée,* après avoir porté et nourri la greffe, achève ensuite de mourir; elle se pourrit et disparaît, nous dit M. Fabre, et l'essentiel pour le succès de l'opération, c'est qu'elle ait assez de force pour rester vivace et résister jusqu'à l'automne.

A ce moment, le nouveau plant peut être affranchi; les racines propres qu'il a émises suffisent pour assurer la continuation de sa végétation et, par ce moyen, on obtient, après cinq ou six mois, des plants qui ont la même vigueur qu'un sujet de quatre ans planté dans les conditions ordinaires.

Si le porte-greffe était trop malade, si, par exemple, il se trouvait, par son état, destiné à périr complètement, pendant l'été, alors que le nouveau sujet n'a pas encore assez de force pour vivre seul, l'opération ne réussirait pas.

Au contraire, toutes les fois que le porte-greffe, c'est-à-dire la souche malade résiste et continue à vivre, pendant la durée normale de la végétation, le sujet greffé se trouve, à l'automne, assez vigoureux pour pouvoir se passer désormais de la souche et vivre seul [1].

Parmi les cépages que la science et le commerce recommandent d'une voix si convaincue, M. Fabre a choisi le *Clinton*, plant résistant « de premier ordre » et possédant une facilité de reprise exceptionnelle, « comme le chiendent, » pour nous servir de l'expression imagée de cet habile pionnier, qui s'est mis en avant pour conjurer le mal et en réparer

---

[1] *Messager agricole*; tome V, n° 11.

les funestes effets. Il a aussi tenté quelques
essais de reproduction avec l'*Herbemont*, pour
lequel les habitants de l'Hérault paraissent avoir
beaucoup d'affection, mais les résultats ont
été peu satisfaisants; la reprise est moins sûre
et la végétation plus lente qu'avec le *Clinton*.

Ce cépage[1], selon M. Fabre, donne un vin
valant presque autant que celui de Bourgogne
et supérieur (ce qui n'est pas exact) à celui
produit par les *Æstivalis*, dont la reproduction, par bouture, est toujours difficile dans
les conditions ordinaires. Pour les multiplier,
dit-il, « on est obligé de les tenir en serre
chaude, ou par la greffe des yeux sur les
racines[2]. »

---

[1] Quelques amateurs, notamment M. Bouschet de Bernard, ne partagent
pas cet engouement au sujet du *Clinton*, qui ne paraît pas avoir des
rendements bien avantageux : « Sa grappe est très petite ; ce n'est
qu'un grappillon » et ses grains de la grosseur d'un pois ont « une saveur
de cassis » contre laquelle M. de Beaulieu s'inscrit en faux ; M. Douysset
nie également ce parfum-là ; le *Clinton* est seulement légèrement framboisé et nullement désagréable.

[2] Il en sera parlé plus loin.

5° *La greffe-provin, pour ne pas avoir de perte de récolte, ni de perte de temps.* — M. Bouschet de Bernard, viticulteur distingué, un autre de ces chercheurs infatigables, se prend d'une autre façon pour arriver à d'heureux résultats ; il emploie la *greffe-provin*, la bouture américaine greffée, en provin, sur des sujets « existants et non encore affaiblis par la maladie; » il propose de transformer ainsi tous nos vignobles, « sans perdre aucune récolte et avec la seule dépense du premier établissement de la greffe-provin. » Il recommande cette transformation d'une façon toute spéciale, et est plein de confiance dans sa réussite[1].

6° *La double greffe au collet pour se servir ou profiter du reste de sève, qui peut encore circuler dans les ceps à l'agonie.* — Le même viticulteur conseille la transforma-

[1] *Journal d'agriculture et Messager agricole.*

tion de nos vignobles épuisés par la maladie, à l'aide de la plantation de la bouture américaine, greffée, avant sa plantation, avec un cépage français ; la bouture américaine sert dans ce cas, de porte-racines ou de pied, à la bouture française, comme nous l'avons déjà dit dans les pages ci-dessus, au commencement du chapitre des *Systèmes*[1].

---

[1] Nous allons ajouter ici quelques renseignements intéressants, publiés dans le *Journal d'agriculture* et le *Messager agricole* :

La bouture non enracinée et greffée, avant sa plantation, avec une vigne française, a été essayée aux mois de février et de mars de cette année (1874) avec des boutures de *Clinton* et de *Jacquez*. Soixante-deux boutures ont été ainsi greffées en fente, avec l'*Aramon*, et plantées successivement, les 19 février et 30 mars. L'expérience eût été faite, sur une plus grande échelle, si j'avais eu, à ma disposition, des boutures américaines d'une grosseur convenable.

La bouture américaine, longue de 30 à 35 centimètres environ, a été entièrement enterrée, dans une tranchée, ainsi qu'une partie du greffon d'*Aramon*.

Les boutures de *Jacquez*, greffées et plantées, le 19 février, paraissaient à la fin du mois de mars, aussi avancées que les vignes du pays : les bourgeons étaient prêts à s'épanouir et, dans la seconde quinzaine de mai, je notai : *toutes les boutures greffées semblent avoir réussi ; leur développement est le même que celui des vignes d'*Aramon *plantées de simples boutures*. Depuis cette époque, la végétation a continué d'une manière normale et aujourd'hui, à la fin de la saison, ces *Aramons* greffés ont donné des tiges aussi longues que celles des simples boutures d'*Aramon* mises en pépinières.

Sur soixante-deux boutures greffées, il y en avait treize de *Jacquez* et

Quant aux vignes actuellement existantes et
-dont M. Bouschet de Bernard propose la transformation, par la greffe-provin, pour que le
provin puisse réussir, il faut que le cep soit
pourvu d'une certaine vigueur. « Si la simple
bouture américaine, greffée en *Aramon* et
plantée ensuite, se comporte comme une
bouture ordinaire, la même bouture étant

quarante-neuf de *Clinton*. Par suite d'accidents qu'il sera facile d'éviter,
quelques greffes ont manqué ; le lien de quelques-unes s'est détaché,
avant que la soudure fut complète ; d'autres ont été ébranlées en les
cultivant ; mais, en définitive, il y a aujourd'hui cinquante-deux plants
d'*Aramon* greffés, très bien venus et pouvant être mis en place, cette
année. Sur les soixante-deux boutures plantées, il en a manqué quatre,
sur les treize greffées sur le *Jacquez*, et six, sur les quarante-neuf greffées
sur le *Clinton*.

Afin de donner plus de confiance dans le succès, je puis ajouter que
parmi les boutures de *Clinton*, il y en eût treize dont on oublia d'enve-
lopper la greffe avec de l'argile, comme on l'avait pratiqué pour les
autres, et que, néanmoins, la végétation ne s'en est pas ressentie ; ces
boutures ont prospéré comme les autres.

Le développement des greffes d'*Aramon* a été plus considérable sur le
Clinton que sur le *Jacquez*. La facilité de reprise des boutures de *Clinton*
est un fait qu'ont pu constater tous les agriculteurs qui ont planté ce
cépage, dont près de 400,000 boutures ont été importées, pendant le
cours de l'hiver dernier, dans le midi de la France.

Les vignes américaines du genre *Æstivalis*, comme le *Jacquez*, l'*Herbemont*, le *Cunningham*, ne poussent pas aussi facilement des racines que
le *Clinton* ; il faudra plus de soins et des arrosages, pour en assurer la
reprise.

greffée sur un cep, quoi qu'affaibli, poussera
bien plus vigoureusement. » Les essais qui ont
été faits, « avec quelques variétés américaines,
sur des sarments de vignes en production, »
greffés et couchés, après ce greffage, comme
un provin ordinaire (la partie américaine étant
relevée, pour former un nouveau cep), ont
donné les résultats les plus satisfaisants. Le
développement de plusieurs de ces provins a
été considérable : ceux qui nous ont été
montrés mesuraient, dès la première année,
plus de deux mètres de longueur et quelques-
uns mêmes avaient donné des raisins.

En greffant aussi bas que possible, sur le
cep malade, une bouture américaine, elle peut
fournir des racines résistantes et assez puissantes pour donner l'alimentation nécessaire à
une partie supérieure, formée par un greffon
de vigne française. On peut arriver de la sorte
à faire porter au cep malade « deux greffes

superposées, » de manière à obtenir, sans perte de temps, « une vigne française avec des racines américaines résistantes au *Phylloxera*. » Cette greffe, que nous appelons *la double greffe au collet*, n'exige que quelques précautions de plus que celle déjà indiquée ; elle permet d'obtenir des produits certains, dès la seconde année, sans avoir besoin d'y revenir, comme M. Fabre espère le faire avant peu, si ses souches européennes, à *l'agonie*, ont assez de vigueur, pour émettre des jets qui puissent être greffés eux-mêmes, en juin prochain, sur le bois de la greffe américaine, par *incision* et *ligature*. Ces vieux ceps porteront alors à la fois « des raisins des deux espèces, et cet exemple sera, pour tout le monde, le vrai triomphe de l'art sur la nature (Laliman). »

7° *La greffe d'yeux détachés sur les racines*. — Cette greffe, souvent en usage

aux Etats-Unis, consiste à prendre des yeux,
sur les variétés que l'on veut propager, et à les
appliquer, sous forme d'écusson, sur les racines
des cépages que l'on choisit comme porte-
greffes. Ce système peut être appliqué, avec
succès, sur le *Clinton*, le *Post-Oak*, le *Mustang*. On pourrait même l'essayer sur les
Rotundifolia où il pourrait avoir quelque
chance de réussir ; les *Æstivalis* s'accommo-
dent assez bien de ce procédé que les Américains emploient surtout avec le *Mustang*.

8° *La greffe anglaise en double bouture.*
— Quoique des plus simples, cette méthode est
fort peu suivie en France : elle aurait cependant
l'avantage de transformer plus rapidement nos
vignobles malades et de nous faire gagner deux
années employées à des transformations successives, pour arriver à récolter des vins français.

9° *La greffe asiatique ou chinoise.* —

Cette greffe est fort peu usitée en Europe : elle consiste à couvrir de terre un ou plusieurs sarments reliés les uns aux autres, à l'aide d'incision et de ligature, et partant du pied mère qui sert à leur donner la sève nécessaire à leur développement. Ce procédé est surtout employé pour les treilles.

10° *La greffe par chevelée, sur le bas de la tige (hors terre)*. — La greffe par chevelée a pour avantage de laisser le sujet greffé complètement isolé du sol, c'est-à-dire sans qu'il puisse « pousser ses propres racines (Planchon). » On emploie ce système à Thomery, en France, au moyen d'une « gouge spéciale ; sur le bas de la tige du sujet, on pratique une rainure dans laquelle on fait entrer une portion correspondante du bois de la greffe, préalablement écorcé sur l'étendue où les deux *libers* et les deux couches à *cambium* doivent se toucher ; le sujet est tantôt rabattu, pour

l'opération à 0^m20 ou 0^m25 au-dessus du sol,
tantôt laissé long et même greffé sur divers
points de sa longueur (Planchon). »

11° *La greffe en écusson (hors terre)*. —
Cette greffe, sur les parties aériennes de la
vigne, pourrait être essayée, selon les besoins
des viticulteurs. Sa réussite ne serait probablement qu'une question d'adresse et d'expérience,
malgré le peu de tenacité de l'écorce striée des
Euvites. Les *Muscadines* s'accommoderaient
peut-être mieux de ce procédé que tous les
autres genres de vignes ; il suffira seulement
de bien choisir les *époques de greffage* des
Vitis Rotundifolia.

12° *La greffe en plaçage*. — Ce système
est fort usité en Amérique. « Habituellement
l'opération se fait au printemps, à l'œil poussant. M. Fuller conseille néanmoins de la faire
à la fin de l'automne, avec cette précaution
que le scion implanté sur le sujet est recouvert,

tout de suite, d'un pot renversé, autour
duquel on place de la paille, en recouvrant
le tout de terre. On greffe, de la façon
suivante, toutes les pousses verticales qu'a
émises, l'année d'avant, un provin actuellement couché dans le sol : on découvre les
pousses du provin, on les taille en bec de
flûte, entre la base et le premier œil ; on
prend des greffes d'un diamètre égal au
sarment que l'on veut greffer ; on taille chaque
greffon, en bec de flûte, sous un angle tel que
les deux surfaces inversement obliques du
sujet et du greffon, mises en contact, se
correspondent par toute leur étendue. Une
ligature assure la permanence du contact ; la
terre glaise sert d'enduit protecteur. Cette
greffe est un placage souterrain (Planchon). »

13° *La Greffe-marcotte.* — Cette greffe,
dont M. Planchon nous parle, d'après M. Fuller,
consiste « à prendre des greffons d'un an

12

poussés en un sarment unique et dressés, et à les transformer en provins, comme on le ferait pour des sarments de la vigne mère. » Ce moyen permet de « transformer, en entier, un vignoble, en faisant occuper aux nouveaux ceps *(greffes marcottes)* les intervalles entre les ceps primitifs destinés à disparaître par l'arrachage. » C'est ce système qui a fourni à M. Henri Bouschet de Bernard l'idée de sa *Greffe-provin*.

14° *La Greffe par inoculation*. — Ce genre-là, qui présente certaines difficultés dont les praticiens viennent facilement à bout, n'est souvent qu'une question d'adresse et d'expérience, mais la pratique, croyons-nous, ne l'utilisera guère.

15° *La Greffe par approche*. — Cette méthode est fort peu usitée, néanmoins elle pourrait convenir aux cépages rebelles à la taille. L'application n'est qu'une question

d'études spéciales et d'un temps plus ou moins
long.

La *Greffe par inoculation* et la *Greffe par
approche* ne peuvent convenir à la grande
culture ; ce sont, comme les semis, des procédés d'amateurs dont le vigneron ne peut
réellement se servir avec avantage : ce ne sont
pas des systèmes usuels ou faciles, et, partant,
ce sont des moyens plus ou moins condamnés
à rester dans l'oubli ; nous n'en avons parlé
que pour la forme. Au reste, la greffe la plus
simple et la plus facile entre toutes, est incontestablement la *Greffe en fente.*

Le moment le plus favorable à la greffe est
celui où la sève se met en mouvement. L'époque varie un peu suivant les cépages et suivant
les latitudes[1], mais ne commence guère, en

---

[1] On a vu précédemment que M. Fuller, au lieu de choisir le printemps, opérait, de préférence, à la fin de l'automne, de façon à ce que
« la soudure de la greffe au sujet fut faite avant la pousse » printannière.

France, que du 10 mars pour aller jusqu'à la fin d'avril.

D'après ce qui précède, on voit que les cépages des Etats-Unis offrent d'immenses ressources à l'intelligence du vigneron, soit qu'on veuille se servir d'eux pour la production directe du vin, soit qu'on veuille s'en servir comme porte-greffes de nos cépages de prédilection, de nos variétés indigènes auxquelles nous tenons tant !

Pour résumer tout ce qui a été dit, concernant les différents modes de reproduction de la vigne, voici nos conclusions :

Le *Bouturage* doit être employé avec les cépages qui s'y prêtent *(Clinton, Taylor, Jacquez)*.

Le *Marcottage*, à l'aide des divers procédés de greffage, offre des avantages considérables, et l'on ne doit pas oublier que c'est le moyen le plus sûr pour multiplier les *Æstivalis* et les *Rotundifolia*.

La *Bouture américaine greffée* permet d'obtenir des produits aussi vite que la bouture ordinaire et est tout aussi certaine que la simple bouture.

La *Greffe au collet* opère la transformation rapide et, pour ainsi dire, instantanée de vignes à l'agonie en vignobles d'avenir.

La *Greffe-provin* donne le moyen d'utiliser les derniers efforts des ceps malades, pour les transformer, sans perte de temps, ni de récolte, et sans trop de dépenses, en vignes américaines résistantes et même en vignes françaises. »

La *Double Greffe au collet* utilise les derniers efforts des ceps à l'agonie ; elle permet, à « la bouture américaine déjà greffée et servant de greffon, » de profiter du reste de sève que le cep pourra fournir, et de posséder des *racines résistantes* au pied, tout en donnant des *raisins indigènes* dans la partie supérieure.

La *Greffe d'yeux détachés* et la *Greffe par approche* pourraient être essayées, avec succès, sur les vignes du genre *Rotundifolia* et sur les *Æstivalis* les plus rebelles aux autres systèmes de greffage.

Nous venons d'examiner les avantages qu'offrent les cépages américains, au point de vue spécial de la dernière maladie de la vigne ; nous devons aussi envisager, sous un autre aspect, la question de ces vignes si maltraitées jusqu'à ce jour et pour lesquelles l'avenir nous ménage tant de belles surprises !

LES VIGNES DE L'AVENIR.

D'après M. Bouschet de Bernard, la culture des cépages du Nouveau-Monde est entièrement différente de la nôtre ; elle doit amener des changements complets dans nos habitudes viticoles. Les vignes américaines veulent « un espacement plus considérable » que celui demandé par nos cépages européens ; elles exigent « une taille plus longue et l'emploi de supports ou cordons de fil de fer. »

Sans partager toutes ces idées et en nous basant sur les études de M. Laliman, les renseignements de M. de Beaulieu et les écrits de MM. Buchaman, Fuller, Isidore Bush et Husmann, nous affirmons que beaucoup de contrées de l'Europe n'auront rien de trop modifié dans leur système cultural. Toutes les régions qui se servent d'échalas et de perches s'apercevront à peine des changements de cépages. Il n'y aura que les quantités de plants à l'hectare qui auront subi quelques différences et, par suite ou comme conséquence, la taille aura dû prendre plus de développement. Quant aux pays qui sont soumis à la culture rez-terre,

ils subiront un changement plus considérable ;
néanmoins, les vignerons y trouveront vite
leur compte, par ces temps d'exigences sans
précédent et de main-d'œuvre difficile ! Si ces
substitutions de genres de vignes américaines à
notre genre de vignes européennes les uns à
la place des autres, devaient un jour, combler
nos déficits agricoles et faire cesser ce que l'on
nomme la rareté des bras, ne serait-ce pas un
bienfait inappréciable[1] ! Eh bien ! avec ces
vignes de l'avenir, le problème sera en partie
résolu ; il y aura bien moins de culture à bras
et beaucoup plus de culture à la charrue ; nous
pourrions même ajouter qu'il n'y aura presque

[1] On aurait tort de croire que la crise que nous traversons et dont
nous venons de parler, soit une crise nouvelle ; il y a cent cinquante
ans environ, Jean Gervais, lieutenant criminel au présidial d'Angoumois,
et maire d'Angoulême, disait dans son *Mémoire sur l'Angoumois*, publié
par M. Babinet de Rancogne :

« Les frais de culture des vignes ont plus que doublé par les salaires
outrés des vignerons ; encore en trouve-t-on à peine pour fournir à leur
labourage, depuis qu'elles se sont si fort multipliées. Ce n'étaient autrefois que les bourgeois et les gens les plus aisés qui tenaient des vignes à leur
main ; à présent, presque tous les paysans et simples rustiques en ont

plus de travail à la main, grâce aux perfec-
tionnements journaliers des machines et des
charrues qui iront, jusque dans les lignes de
ceps, chercher le cavaillon laissé par les instru-
ments aratoires. On possède aujourd'hui, en
dehors des *charrues vigneronnes,* des charrues
spéciales pour ce genre de travail, vulgaire-
ment désignées sous le nom de *décavaillon-
neuses*. Le progrès n'a pas dit son dernier
mot ; l'intelligence industrielle est à peine à
l'œuvre et arrivera, un jour, à résoudre les
problèmes les plus difficiles, ceux que nos

planté pour eux-mêmes, ce qui les occupe à leur culture et rend les
journaliers pour autrui si rares, que le peu qu'il en reste, recherchés de
tous côtés, ne donnent la préférence de leur labour qu'à ceux qui les
paient à l'excès ; ce qui est cause, d'un côté, que ceux qui sont obligés
de faire valoir leurs vignobles à force d'argent se trouvent épuisés ; que,
d'un autre côté, l'impuissance à y fournir tend à la dépérition des vignes
des propriétaires les moins aisés. (Cl. Prieur.) »

Beaucoup de pays sont affligés des mêmes embarras ; si nous jetons
les yeux sur les Etats-Unis, depuis la guerre de la sécession, tous les
colons se plaignent de la rareté de la main-d'œuvre pour la culture du
coton, et comme pis-aller, ils se sont mis à planter des vignes. Leurs
cépages locaux, les *Scuppernongs* et les *Flower's*, exigeant fort peu de
main-d'œuvre.

pères auraient regardés comme de véritables utopies.

En plantant les vignes, avec espacement de plusieurs mètres entre elles, on pourra se dispenser de remuer toute l'étendue du sol qui se trouvera entre chaque cep. M. Laliman ne fait bêcher la terre qu'au près de chaque pied de vigne, cinquante centimètres au plus. Avec ce système, un homme actif peut aisément façonner, en moyenne, près de deux cents ceps par jour, ce qui représente environ sept journées de travail par hectare. M. de Beaulieu plantant plus espacé, a encore moins de main-d'œuvre. On sait que cet honorable agronome n'emploie que 333 *Vitis Rotundifolia* à l'hectare, et qu'il conseille, en attendant le développement excessif de ces vignes, d'intercaler des *Riparia* que l'on arrachera plus tard. Les *Clintons* poussant plus vite que les *Scuppernongs* viendront compenser les frais de culture jus-

qu'à ce que les *Muscadines* soient en charge.
En attendant cette époque, ses frais sont à peu
près les mêmes que ceux de M. Laliman, mais,
par la suite, ils sont plus de la moitié moindres.

Nous allons donner ou compléter, en passant,
au risque de nous répéter, d'après M. Paul
Douysset, M. Isidore Bush, M. Laliman, M. Le
Hardy de Beaulieu et M. Planchon, certains
détails intéressants, au sujet de la production
de quelques vignes américaines dont il a été
déjà question :

BLACK-JULY. — Le *Black-July* (Æst.) est
un cépage fort estimé dans le sud des Etats-
Unis. Il mùrit de bonne heure les fruits qu'il
produit avec une certaine abondance; seulement
il est peu fertile lorsqu'il est taillé court. Son
vin, d'une belle couleur ambrée, est excellent.
Le *Black-July* donne en moyenne 80 hectolitres à l'hectare.

Catawba. — Le *Catawba* (Lab.) est un cépage délicat et précieux, fort estimé en Amérique, *avant l'apparition du Phylloxera!* sa culture en grand a été la source d'énormes profits pour les contrées qui le cultivaient. « Son vin est ce que l'on veut, sec ou doux. Il produit le pétillant Champagne, le Madère, le Xérès, comme il produit un vin rouge se rapprochant, par la couleur et surtout par le goût, des vins du Rhin ; il est capiteux et fournit, à la distillation, un liquide qui ne cède en rien au *Spiritus vini gallici*, au Cognac, même première qualité. Dès la troisième année, il donne jusqu'à 15 ou 18 livres de raisins par pied (Laliman). » M. Planchon a bu chez M. Michel Werk du « célèbre *Sparkling catawba, Catawba* pétillant ou mousseux qui était très agréable. » Le *Sparkling catawba*, « si justement estimé (Planchon), » est un des vins les plus remarquables

de la cave de M. Adelison Kelley, directeur
de la *Kelley island wine Company*, mais une
large proportion des raisins de *Catawba* est
réservée pour ce qu'on appelle *Still catawba*
(*Catawba* tranquille ou non mousseux),
« lequel peut être sec ou sucré, suivant le
mode de fermentation adopté (Planchon). » A
l'Exposition universelle de Paris de 1867,
M. Werk a obtenu une première mention
honorable, pour son vin de *Catawba* blanc,
du lac Érié, et son vin de *Catawba* à nuance
rougeâtre, de Cincinnati (Planchon). Le
Catawba produit environ 150 hectolitres à
l'hectare.

CLINTON. — Le *Clinton* (Cord. Pl.) — (Rip.
Engelm.), quoique très vigoureux, est un des
cépages américains les moins fertiles ; néanmoins « l'abondance de ses raisins compense
ce qui leur manque du côté de la dimension
des grappes. Le fruit du *Clinton* est manifeste-

ment *foxy*, non pas juste à la manière de l'*Isabelle*, mais avec une nuance que je ne sais définir. Husmann et Bush assurent qu'il donne un vin rouge foncé, ayant du corps, ressemblant au *Claret* » Bordeaux rouge (Planchon). M. Fabre, de Saint-Clément (Hérault), prétend que le *Clinton* fait, chez lui, des vins fins qui peuvent rivaliser avec le Bourgogne. M. Capehart, de Kittrells, a fait goûter à M. Planchon du *Clinton* de la vendange précédente, « sans défaut capital, » bien que louche et amer et qui eût été évidemment meilleur, si les procédés de fabrication n'étaient pas très imparfaits dans cette région. » Ce cépage ne produit pas plus de 70 hectolitres à l'hectare.

Concord. — Le *Concord* (Labr.), dont la végétation est très puissante aux Etats-Unis, où l'on a cependant remarqué quelquefois « l'aspect souffreteux (Planchon), » (dans le

jardin de M. Carpenter et dans le vignoble
de M. Hunt), de quelques-uns de ces sujets,
plus ou moins atteints par le *Phylloxera* et
portant plusieurs nodosités chargées de pucerons, peut produire en moyenne 150 hectolitres
à l'hectare. Son vin a une jolie couleur rouge,
« ayant plus ou moins le goût *foxé*, suivant
qu'on a laissé le jus plus ou moins longtemps
sur le marc (Planchon). » On en fait aussi un
vin, blanc ou légèrement rosé, « en faisant
fermenter le jus à part du marc. »

CREVELING. — Le *Creveling* (Labr.), dont
la maturité est fort précoce, fait un *claret*
(Bordeaux) délicieux, ayant beaucoup de corps
et beaucoup de bouquet. Son moût marque 88
degrés au saccharimètre d'Œchsle. Le *Creveling* peut produire 160 hectolitres à l'hectare.

CUNNINGHAM. — Le *Cunningham* (Æst.) est
un cépage d'une croissance fort rapide. Il est
fort précieux pour les pentes exposées au Midi,

à sol pauvre, maigre et calcaire ; son vin est rouge et très alcoolique, délicieux et des plus parfumés, quoique d'une maturité tardive. Sa production moyenne est de 100 hectolitres à l'hectare.

Cynthiana. — Le *Cynthiana* (Æst.), dont la maturité est assez précoce, produit « un jus d'un rouge noir très intense, très lourd au pèse-moût, et donnant un très bon vin. Son vin a beaucoup de corps et est plein de délicatesse ; il peut entrer en ligne, pour son bouquet, avec les meilleurs Bourgognes (Planchon, d'après M. Bush). » Le *Cynthiana* peut produire 100 hectolitres à l'hectare.

Delawarre. — Le *Delawarre* (hybride possible entre *Labrusca* et *Æstivalis*, selon M. Bush), est un des meilleurs cépages américains, quoique moins robuste que les autres et plus long à venir ; néanmoins après quelques années de plantation, il arrive à prendre un développement considérable et se montre alors très vigoureux ; ce cépage, d'une maturité précoce, peut produire environ 120 hectolitres à l'hectare. Son vin est à la fois corsé et délicat, de couleur blonde et d'un parfum léger tout spécial. « Malheureusement ces qualités incontestables sont gâtées, en Amérique, par son extrême sensibilité par rapport au *phylloxera, depuis que le terrible fléau y sévit ou y fait sentir son action latente* (Planchon), » qui fait disparaître actuellement, de Saint-Louis à Sandusky (Ohio), les vignobles entiers de *Delawarre* qu'on *y voyait naguère si fertiles et si pleins de vie !*

FLOWER'S. — Le *Flower's* (Rotund.), dont la rusticité et l'abondance sont considérables, produit un jus sucré, très bon, et avec très peu de parfum *sui generis*. Son vin est aussi généreux et aussi estimable que les meilleurs vins naturels d'Espagne ou d'Italie, avec les-

13

quels il serait facile de le confondre, si l'on n'était pas prévenu. Le *Flower's* donne environ 300 à 400 hectolitres à l'hectare.

HARFORD-PROLIFIC. — L'*Harford-Prolific* (Lab.) est le raisin précoce par excellence et la qualité la plus prolifique de toutes les variétés appartenant aux *Euvites*. Le vin de ce cépage est seulement passable, selon les uns, et, suivant d'autres amateurs, il est plein de qualités, à la fois coloré, alcoolique et agréablement parfumé ou framboisé. Sa production peut varier entre 160 à 200 hectolitres à l'hectare.

HERBEMONT. — L'*Herbemont* (Æst.) est un cépage fort rustique et excessivement fertile. C'est le *sac à vin* de Downing, donnant un moût chargé d'alcool, un vin blanc « d'un goût exquis, si l'on sépare immédiatement le jus du marc, et un vin rouge de qualité supérieure en le laissant cuver à la manière ordinaire (Planchon, d'après Husmann). » Son vin blanc

ressemble, dit-on, aux vins les plus délicats
des bords du Rhin. L'hectare peut produire
100 à 120 hectolitres.

Isabella. — L'*Isabelle* (Labr.) *se montre
de plus en plus exposée à des causes multiples de dépérissement* (le *Phylloxera*, suivant MM. Planchon et Riley). Ainsi à Ham-
mondsport, M. Guéret a été obligé, l'an
dernier, de faire arracher, en quantité, ses
plantations d'*Isabelle*, par suite de leur « dépérissement graduel » et *non immémorial !*

Ce cépage, comme tous les *Fox-grape*, a
une saveur et un arôme spécial de cassis ou de
framboise ; il produit en abondance lorsqu'il
n'est pas taillé trop court ; il est vigoureux et
exige, en conséquence, une taille toujours
généreuse. La variété blanche dont parle
M. Laliman, contient beaucoup d'alcool. L'*Isabelle* peut donner 150 hectolitres à l'hectare.

Ives seedling. — L'*Ives seedling* (Lab.) est

un cépage vigoureux, d'une croissance et d'une fertilité extraordinaires ; c'est un raisin à vin rouge d'une qualité peu remarquable mais qui peut rendre à l'hectare 140 hectolitres environ.

JACQUEZ[1]. — Le *Jacquez* (Æst.) est le raisin par excellence, « c'est le *teinturier des teinturiers*, » à belle nuance et à goût alcoolique ; « souvent les connaisseurs l'ont confondu (son vin), venu dans des terrains légers, à du haut Bourgogne (Laliman). » Ce cépage est vigoureux et fertile en France, tandis que, aux États-Unis, il passe pour relativement infertile. Ce défaut-là en avait fait abandonner la culture par les Yankees, malgré les qualités de son vin si justement estimé de tous. Son moût est coloré et chargé d'alcool. Le *Jacquez* pourrait produire 100 hectolitres à l'hectare, dans les bons sols de France.

---

[1] Plusieurs entomologistes ne croient pas à l'identité du *Jacquez* et du *Jack, Cigar-Box* ou *Ohio* des États-Unis.

LENOIR. — Le *Lenoir* (Æst.) est très fertile, en France, dans certains sols (les mêmes où il exige une taille longue). Cette variété d'élite a été un peu délaissée en Amérique où elle a été regardée comme improductive ou sujette à voir ses fruits se perdre régulièrement. Son vin rouge est de qualité supérieure, et sa production moyenne, en France, de 100 hectolitres à l'hectare. M. Laliman affirme que les vins faits avec le *Jacquez* et le *Lenoir* sont de cinquante pour cent supérieurs aux vins faits avec les cépages européens, et que leur couleur, leur coloration est trois fois supérieure.

MARTHA. — La *Marthe* (Lab.), dont la végétation est extraordinaire, est aussi très fertile. Sa maturité précoce en fait une variété recommandable et fort populaire, selon MM. Bush. « Le vin est d'une couleur paille-clair, d'un goût délicat. Son moût pèse 85 à 92 degrés au saccharimètre d'Œchsle et fait des

vins blancs de réelle valeur. Sa production
moyenne à l'hectare est de 120 hectolitres.

Mustang. — Le *Mustang* (Cand.), qui est
loin de valoir le *Bandera* du Texas, produit
« un vin aigre et tout à fait *pauvre*, à moins
qu'on ne prenne soin de le *médicamenter*
énergiquement (500 grammes de sucre environ
par litre de jus sortant du pressoir et filtré avec
soin, après fermentation complète, avant d'y
ajouter dix centilitres d'esprit de vin rectifié).
On obtient ainsi un bon vin, très *corsé*, riche,
fort agréable au goût et supérieur, en couleur,
à tous les autres vins (Planchon, d'après
Buckley). » La fécondité du *Mustang* est
extraordinaire ; le professeur Buckley prétend
qu'on peut en retirer 2 et 3 hectolitres par
pied, ou mille hectolitres à l'hectare.

Norton's virginia. — Le *Norton's virginia*
(Æst.) « est devenu la variété par excellence,
comme vin rouge, partout où la vigne peut

être plantée » aux États-Unis. C'est une variété productive et qui peut réussir dans tous les sols. « Dans les fonds riches, elle se met promptement à fruit et donne d'énormes récoltes ; sur les collines élevées, à sol maigre et à exposition sud, elle tarde à fructifier, mais produit un vin des plus riches, très corsé et de qualités médicinales supérieures (c'est le grand remède à Saint-Louis, contre la dyssenterie et les maladies d'entrailles. Planchon, d'après Bush.) » Malgré sa maturité tardive, le *Norton's virginia* peut devenir un cépage précieux. Sa production moyenne est de 100 hectolitres à l'hectare.

POST-OAK. — Le *Post-Oak* (Linc.) est fort rustique et pousse avec une grande vigueur dans les terrains les plus maigres ; c'est le *raisin des sables*, selon Buckley, qui s'égrappe et qui tombe à la maturité.

RICHMOND. — Le *Richmond* (Rotund.) est

une variété fort avantageuse, tant par la précocité de sa maturité que par la qualité de ses
produits. Son jus vineux et sucré fait un vin
rouge excellent, jouant avec les crûs les plus
chauds. Le *Richmond* peut donner de 300 à
400 hectolitres à l'hectare.

RULANDER. — Le *Rulander* (Æst.) donne
« un excellent vin, rouge-clair ou plutôt bru-
nâtre, ressemblant au Xérès (Planchon, d'après
Bush.) » Ce cépage compense du côté de la
qualité ce qui lui manque du côté de la quantité ; son moût pèse au saccharimètre d'Œchsle
environ 110 degrés ; il peut produire à l'hectare 80 hectolitres.

SCUPPERNONG. — Le *Scuppernong* (Rotun.)
produit un jus vineux, d'un parfum délicat,
mais exigeant, pour les Américains, 500 grammes de sucre par litre, afin d'avoir la force et
la douceur voulues dans le commerce.

« A l'analyse , le *Scuppernong* donne

huit onces de jus par livre de raisins; douze pour cent de sucre et quatre et neuf dixièmes pour cent d'alcool absolu, obtenu du sucre du raisin. Le *Scuppernong* a toujours attiré l'attention des viticulteurs plutôt par un arôme ou bouquet bien caractérisé que par l'abondance de matière saccharine qu'il contient. L'expérience a démontré la nécessité d'ajouter à son jus une certaine proportion d'alcool, afin de le conserver. Néanmoins, le *Scuppernong* est le meilleur vin qui ait été produit jusqu'ici aux États-Unis.

» La pulpe est douce et juteuse; elle possède un arôme qui rappelle les vins de Tokai de la Hongrie. Traité avec tous les soins qu'exige une bonne vinification, le *Scuppernong* peut rivaliser avec tous les autres vins fins de ce continent, et je n'hésite pas à en conseiller la culture partout où les conditions climatériques lui sont favorables.

» En ajoutant au jus quatre à cinq pour cent de sucre pendant la fermentation, on obtiendra un vin semblable à ceux de Xérès. (Extrait d'un rapport officiel adressé par le docteur C.-T. Jackson, au bureau de l'agriculture, à Washington, et traduit par M. de Beaulieu). »
La production moyenne, à l'hectare, peut être de 400 à 500 hectolitres. Au reste, sa rusticité et son abondance sont légendaires aux Etats-Unis : on y dit sa production inouïe. Son vin est blanc, peu alcoolique et doué d'un bouquet bien caractéristique.

Taylor. — Le *Taylor* (Rip.), qui a « besoin d'être taillé sur vieux bois pour se mettre bien à fruit (Bush), » pousse avec trop de vigueur dans les terres fortes où il est souvent infertile. Il s'accomode fort bien des terres maigres et y est assez fructifère. Comme le *Clinton*, c'est le cépage des terres médiocres ; l'un est blanc, l'autre est noir : Aussi le *Taylor* n'est-il, en

quelque sorte, qu'un *Clinton* blanc à rendements encore plus faibles (moins de 70 hectolitres à l'hectare). « Le vin de *Taylor* est
blanc, très corsé, d'un bouquet délicat et
rappelant, peut-être plus qu'aucun autre, le
célèbre *Riessling* du Rhin (Planchon). »

TENDER-PULP. — Le *Tender-pulp* (Rotund.)
est une variété fort précoce et de très bonne
qualité. Son vin rouge est fort coloré et fort
estimé. Les connaisseurs le comparent au
Montefiascone ; malheureusement les Américains le préparent mal et y ajoutent trop de
sucre. Le *Tender-pulp* peut produire de 300
à 400 hectolitres à l'hectare.

THOMAS. — Le *Thomas* (Rotund.) est d'une
fertilité remarquable et donne un vin rouge
foncé d'un bouquet relevé. Sa maturité n'est
pas très hâtive et sa production moyenne de
300 à 400 hectolitres à l'hectare.

YORK-MADEIRA. — L'*York-Madeira* (Labr.)

est un cépage assez rustique et suffisamment alcoolique; malgré sa véraison précoce, la maturité de l'*York-Madeira* est assez tardive. Sa production moyenne est de 80 à 100 hecto-litres.

Le *Post-Oak* comme le *Mustang*, ne nous offrent, en réalité, de sérieux avantages que comme porte-greffes des autres variétés[1].

« A ce sujet, voici une observation curieuse, relevée dans l'herbier de l'Académie des sciences de Philadelphie : annexée à un échan-tillon de vignes d'Europe cueilli au Texas, se trouve une note du botaniste Buckley, consta-tant que certains raisins ne mûrissent pas sur leur propre cep, mais qu'ils prospèrent, leur

---

[1] Nous avons négligé de citer les *Anna*, *Clara*, *Diana*, *Autuchon*, *Cornucopia*, *Canada*, *Othello*, *Louisiana*, *Maxatawnay*, *Agawam*, *Wilder*, *Massasoit*, *Salem*, *Gœthe*, etc., etc., cépages qui ne le cèdent en rien à ceux dont nous venons de décrire les qualités ; leur abondance est à peu près identique. A l'exception des premiers indiqués dans cette note, les autres ne sont pas encore cultivés en grand ; le commerce ne pourrait satisfaire à toutes les demandes, si elles étaient nombreuses.

cépage étant greffé sur certaines vignes sauvages dont la vigueur est proverbiale (Le
Hardy de Beaulieu d'après Planchon). »

Les vignes des Montagnes Rocheuses, du Texas,
de la Californie, des Etats du Nord de l'Amérique
et leurs innombrables variétés ajouteraient à tous
les besoins de la viticulture, d'autant plus qu'elles
sont robustes, souvent très précoces, à l'abri de
l'infection, bravant, pour la plupart, les froids
les plus rigoureux, et offrant, par leurs goûts,
leurs couleurs[1], un choix immense, lequel servira
au moins d'auxiliaire à la plupart de nos vignobles
ordinaires et même à la production plus abondante de nos eaux-de-vie.

Le célèbre fabricant d'eau-de-vie, M. Zimmer-
man, de Cincinnati, affirme que l'eau-de-vie, qu'il
obtient avec le *Catawba*, soutient la comparaison
et est même supérieure, à cause de l'arôme, à celles

[1] Les vins rouges américains, faits en France, se distinguent, dit
M. Laliman, « par un bouquet très fin, par une grande consistance, une
couleur foncée et ils sont spiritueux.

« Les vins blancs sont aussi généreux et même quelques-uns sont très
agréables ; les plants sont d'une très grande fertilité dans les terrains
qui leur conviennent, surtout le *Scuppernong* et le *Catawba*. »

Sans avoir toutes les précieuses qualités des vins de nos grands crûs,
nous affirmons que ce sont de très bons vins, dont le masse des consom-
mateurs ne peut être que satisfaite.

obtenues avec des raisins d'Europe, même au Cognac en pureté, délicatesse, parfum, force alcoolique.

Nous croyons que le *Delawarre*, le *Wilder*, la *Diane*, le *Walter*, la *Marthe*, le *Maxatauney*, le *Montgommery*, le *Long*, le *Perkins-Requa*, le *Salem*, le *Taylor*, le *Golden-Clinton*, l'*Autuchon*, l'*Allen*, etc., doivent produire des eaux-de-vie tout aussi bonnes, et nous sommes convaincu que, vu leur abondance, ces cépages feront, dans quelques années, lorsqu'ils seront connus, la même révolution alcoolique que vinicole en Europe.

Le *Jacquez*, le *Lenoir*, le *Warren* et le *Long*, voici le quatuor qui, selon nous, non-seulement, résiste le plus au *Phylloxera*, mais encore donne les meilleurs vins rouges, avec ou sans le *Clinton*, obtenu par nous de semis. Le *Clinton*, que nous qualifions n° 1, est aussi bien supérieur au *Clinton* ordinaire ; l'*York*, moins productif, mais résistant au *Phylloxera*, ne doit pas être oublié non plus.

Le *Taylor*, le *Long*, le *Delawarre*, la *Diane*, le *Warren* donnent aussi des vins, blancs ou rosés, très remarquables.

La maturité de tous ces cépages ci-dessus désignés se fait en même temps que celle du *Malbec* ou *Auxerrois*, ou avant celle du *Clinton*. Le *Delawarre*, les *Riparia* et le *Taylor* sont de première maturité ;

les *Cordifolia* très mûrs se conservent, comme les *Jacquez*, indéfiniment sans pourrir, mais ce dernier est plus abondant. Le *Long* ou *Cunningham* et le *Warren* sont plus tardifs, mais mûrissent en même temps que le *Cabernet-Sauvignon*, font de très bon vin et sont très abondants.

Aussi, oserons-nous braver les foudres patriotiques, en recommandant, d'une façon spéciale, les cépages vierges du Nouveau-Monde ; ces cépages, vierges de toute souillure maladive, d'une rusticité, d'une abondance rare.

Hâtons-nous donc « de remplacer nos vieilles variétés indigènes, » dirons-nous avec M. Paul Douysset, « par les vignes si jeunes, si vigoureuses et si fertiles du Nouveau-Monde. Elles seules peuvent aujourd'hui imprimer à la viticulture française un essor qu'elle n'a pas encore connu. » Elles seules, en nous donnant les moyens de traverser, d'un cœur léger, *l'ère du Phylloxera,* pourront nous procurer dans l'avenir d'immenses trésors vinicoles.

Il serait sans doute imprudent de s'adresser au premier venu aux États-Unis, pour obtenir

des cépages américains ; le caractère Yankee
est avide de gros bénéfices et n'est pas toujours
honnête. Comme le dit, M. Laliman, avec
beaucoup d'à-propos, les Américains peuvent
nous envoyer beaucoup de plants infertiles,
beaucoup d'espèces manquant de résistance au
Phylloxera. M. de Beaulieu nous avait engagé
à tenir notre prudence en éveil et à ne nous
adresser qu'à des maisons sérieuses et honora-
bles, nous faisant payer chers leurs produits,
mais nous les vendant avec garantie ; nous ne
pouvions pas avoir, selon l'intelligent agronome, un meilleur moyen de ne pas être
trompé et de ne pas recevoir beaucoup de ceps
sauvages ramassés, au hasard, dans les forêts
du Nouveau-Monde.

On ne saurait se montrer trop défiant à ce
sujet ; la fortune privée fait, en quelque sorte,
partie de le fortune publique ; si nous nous
laissions exploiter par les États-Unis, ce serait

autant d'atômes de la fortune de notre pays.
qui s'en iraient ailleurs, sans profit pour nous-
mêmes.

Nous avons des Représentants à l'étranger,
des Consuls qui doivent aide et protection à
leurs nationaux. Nous pouvons être renseignés
par eux sur ce qui nous intéresse ; à leur
défaut, l'État, le Ministre de l'Agriculture et
du Commerce, doit nous fournir le moyen de
reconstituer, sans surprise, fraude ou perte de
temps, le vignoble de la France si cruellement
éprouvé. Les vignerons intéressés peuvent s'entendre à ce sujet ; ils ont la facilité, par régions
ou départements, à l'aide des Sociétés d'agriculture, d'avoir des hommes capables de les
représenter et qui veuillent le faire, afin d'obtenir, de qui de droit, l'appui dont ils peuvent
avoir besoin. Nous avons partout des députés
et des hommes influents qu'il nous est facile
de déléguer et dont la voix sera toujours

14

entendue ; aidons-nous, en un mot, si nous voulons que le ciel nous aide ; n'oublions pas la devise anglaise : *l'union fait la force.* Sachons surtout nous en souvenir, dans ces questions viticoles, dans ces questions agricoles qui nous regardent tous et qui ne devraient jamais nous diviser.

Le jour n'est pas encore arrivé où nous pourrons avoir, en agriculture, l'association des capitaux, ce point d'appui d'Archimède qui permettra à la masse des cultivateurs, sinon de soulever le monde, du moins d'accomplir des miracles. En attendant ce moment fortuné, ne perdons pas notre temps en discussions puériles ! Laissons nos politiques user leur influence à de mesquines questions, intéressant seulement un point du globe, et tâchons, par nous-mêmes, avec l'aide de Dieu qui doit bénir nos efforts, de résoudre les grands problêmes qui doivent contribuer au

bien-être général ou toucher de si près l'humanité toute entière. On a du mérite à prendre
le large, lorsque la mer est houleuse et que la
tempête éclate ! Aux premiers cris d'effroi et de
mécontentement de l'équipage succèdent infailliblement la confiance et la reconnaissance
des matelots pour le chef qui a su affronter les
dangers d'une mer menaçante et les leur faire
traverser sans périls.

Le vaisseau agricole de la viticulture, à
l'heure actuelle, agité par tant de vents contraires, doit prendre la mer sans craindre les
brisants : monté par les Laliman, les Bouschet,
les Fabre et les de Beaulieu, il peut hardiment
mettre toutes ses voiles au vent et voguer, bra-
vement au milieu des récifs, vers les nouveaux
horizons réservés aux vignes de l'avenir. Le
temps n'est sans doute pas éloigné où nos senti-
ments de crainte ou d'indignation feront place
aux plus nobles élans de notre reconnaissance !

PLANTATION, TAILLE ET CULTURE

LES HAUTAINS [1]

Beaucoup de viticulteurs supposent qu'il faudra adopter, avec les cépages du Nouveau-Monde, la méthode des tuteurs à longue-portée ou celle des *hautains*. Pour obtenir des résultats avantageusement économiques, ce serait peut-être indispensable, mais ce n'est pas obligatoire ; néanmoins si l'on peut s'en dispenser avec la plus grande partie des vignes des Etats-Unis, l'on doit être bien convaincu que le genre *Vulpina* n'acceptera pas d'autre procédé.

Avant d'en parler plus longuement, nous allons emprunter à M. Planchon, les renseignements suivants sur les systèmes de plantation et de taille, usités dans certaines régions des Etats-Unis.

[1] Ou vignes hautes.

Première année. — « Qu'on ait planté des boutures ou des chevelées d'un an, on ne laisse pousser qu'un seul sarment. »

Deuxième année. — On taille les ceps à deux ou trois yeux sur le sarment d'un an. Au printemps, suivant la vigueur du cépage et le procédé de culture que l'on veut adopter, on ne conserve qu'une ou deux pousses que l'on attache aux pieux ou aux treillis, plantés pour les recevoir. « On pince, dans le cours de l'été, les pousses latérales, en laissant intact l'axe principal, » s'il s'agit de variétés peu vigoureuses ; dans le cas contraire, « on pince, en été, la pousse principale, lorsqu'elle a atteint la hauteur d'un mètre environ : la sève, refoulée sur les côtés, fera développer les pousses latérales, qui, taillées à 4 ou 5 yeux l'automne de la même année, donneront, la troisième année, des sarments à fruit et à bois (Planchon). »

Troisième année. — Supposez « un seul sarment de l'année précédente, dressé verticalement contre un treillis à montants en bois et à fils de fer transversaux (trois ou quatre fils de fer espacés d'environ 0^m 38). Les pousses latérales de ce sarment sont au nombre de quatre à six ; les deux plus basses taillées sur deux yeux, les autres sur quatre à six yeux. Dans le courant de l'été, il faut traiter diversement les pousses nouvelles qui vont sortir de ces yeux. Commençant par celles des sarments latéraux taillés à deux yeux dont l'une doit faire la branche à fruit de l'année suivante, on laisse celle-ci d'abord pousser librement, sauf à l'attacher, si sa position le permet, au fil de fer inférieur ; » si sa vigueur est trop grande, on la pince vers son extrémité, lorsque les raisins auront noué. Quant à la seconde pousse « destinée à porter fruit, cette année même, et à être taillée court, l'hiver prochain, pour donner la branche à bois de l'année suivante : dès qu'elle a environ 0^m 18 à 0^m 25 de longueur, et que les boutures à grappes sont bien visibles, on les pince au-dessus du deuxième ou du troisième raisin, » enfin des pincements ultérieurs arrêteront au-dessus de la première feuille toutes les pousses latérales qui seront parties de l'aisselle des feuilles, après la floraison de la vigne.

L'opération du pincement doit se faire « méthodiquement sur toutes les parties du cep, de manière à équilibrer convenablement la production en bois et en fruits de la plante, d'après ce principe que les sarments à fruit de l'année seront complètement supprimés à la taille d'hiver suivante et que les sarments à bois de l'année suivante, fructifiés ou non, seront taillés long (à quatre ou six yeux) pour l'hiver, pour devenir rameaux à fruit l'année suivante.

« Un mode de conduite des ceps préconisé par M. Fuller, c'est le cordon horizontal à deux bras opposés et divergents. Voici en quoi il consiste : qu'on suppose une ligne de ceps de deux ans ayant chacun deux sarments : dans le milieu de l'intervalle d'un cep à l'autre, on enfonce en terre un poteau de bois dont la partie enterrée soit de 0ᵐ 75, et la partie extérieure de 1ᵐ 20; les ceps étant à 2ᵐ 40 l'un de l'autre, ce sera aussi la distance d'un poteau à l'autre. Reliez ces poteaux par deux lattes transversales de bois parallèles entre elles, l'une clouée près du sommet des poteaux, l'autre près de leur base, à 0ᵐ 30 du sol. Cela fait, taillez les deux sarments à 1ᵐ 20 chacun de longueur, et liez-les à la latte inférieure. A la pousse du printemps, quand vous aurez vu quels bourgeons se sont développés en jeunes rameaux, vous mettrez à chaque point d'où naît une de ces pousses un fil de fer vertical, s'étendant d'une latte à l'autre, et auquel la pousse sera liée à mesure qu'elle se développera. On aura eu soin de supprimer de bonne heure les pousses des yeux qui, sur les sarments abaissés, regardent la terre, pour ne laisser subsister que ceux qui regardent le haut du treillis. Si pourtant, pour la régularité, l'on devait remplacer ces bourgeons regardant en haut par un œil regardant en bas, la chose se ferait aisément par une flexion graduelle de la pousse inférieure, qui la ramènerait dans la direction zénithale; il va sans dire qu'un triage intelligent ne conserverait de bonne heure que les pousses vigoureuses et bien placées. Chaque pousse ainsi conservée pourrait produire trois ou quatre raisins ; mais il ne faudrait en garder que deux au plus chez les cépages peu vigoureux. Un premier pincement se fait sur chaque pampre vertical, aussitôt qu'on voit deux feuilles épanouies au-dessus du plus haut bouton à grappe ; un pincement ultérieur arrêtera l'allongement de ces pampres dans les limites de la hauteur du treillis ; d'autres pincements feront refluer la sève des rameaux latéraux sur l'axe principal. On doit conserver sur chaque bras horizontal du cep, le même nombre de sarments, et les tenir aussi équidistants que possible ; on peut en avoir ainsi jusqu'à six pour chaque bras. En taillant en hiver les douze sarments à deux yeux, c'est-à-dire en chicots (*spurs*, éperons) assez courts, on pourrait avoir, à la fin de la quatrième année, vingt-quatre sarments, qui, à raison de trois raisins, donneraient soixante-douze raisins pour tout le cep. Dans ce système, on taille court, tous les ans, tous les sarments à la fois ; on ne distingue pas entre la branche à bois et la branche à fruit.

Laissant de côté la culture *trainante et désordonnée* dont nous entretiennent M. Planchon et M. Isidore Bush, dans son catalogue, au paragraphe *the trailing chain culture*, nous arrivons aux hautains ou vignes hautes.

Il ne faut pas croire toutefois que le mode des hautains soit aussi défectueux que le prétendent plusieurs viticulteurs. Ceux qui le disent n'ont pas expérimenté ces procédés, plus décriés que connus ; s'ils les connaissaient mieux ou les avaient essayés, ils en diraient moins de mal, ils en diraient du bien !

La culture des vignes hautes offre d'immenses avantages ; elles sont peu susceptibles aux gelées ; elles redoutent fort peu la coulure et les brouillards. Leurs sarments latéraux « s'en trouvent bien, étant plus aérés. » Elles ne sont point endommagées par les limaces et exigent beaucoup moins de façons que les vignes basses ; elles se prêtent mieux qu'elles aux cultures dérobées ou variées : céréales, fourrages, fruits, etc., etc.

L'abondance des récoltes est plus grande que dans les autres systèmes rez-terre, droits

ou petits échalas, etc., et les frais de toute
sorte sont considérablement réduits. Cette
méthode abrége et facilite le travail. Elle économise les échalas, dit M. Laliman, et ajoute
encore à la vitalité des ceps ; elle améliore la
qualité par une exposition plus parfaite du
fruit plus aéré. Elle combat mieux « la voracité
des molusques, » les dangers de brouillards et
les gelées.

« Par la culture à cordons l'on arrive à tout :
du nectar des dieux à la boisson du peuple.
Elle peut avec bien moins de frais, selon les
climats, l'entente, la nature du sol, résumer le
mieux, le bien..... Elle se plie à nos besoins
et, par sa simplicité, » elle convient à toutes les
latitudes, à toutes les intelligences ! Ses avantages sont si grands et ses inconvénients si
minimes que nous ne voulons pas mettre en
doute l'avenir de ce système. Si notre voix n'est
pas entendue aujourd'hui, par la force des

choses, elle le sera demain et cela seul suffit
pour nous consoler de tant d'aveuglement.

On est systématique en France ; on ne croit pas
que les vignes, élevées à 1ᵐ 33 ou à 1ᵐ 66, peuvent
donner du vin potable ; pourtant nous avons Madiran, Jurançon, qui ont leur réputation faite ; les
fameux vins de Paluso, en Italie, viennent ainsi ;
ceux de ce pays, peut-être les meilleurs, proviennent de la Savoie ; peu connus sans doute, ils arri-
veront à être classés parmi nos bons crûs de
France. Les Montmélian peuvent lutter avec nos
Côtes-Rôties, les Saint-Jean-de-la-Porte si agréables, Primés, Échaillon, Thonon, Aix, ceux du
Bourget, d'Athène, vins mousseux et appréciés, et
bien d'autres encore, ont des mérites incontestables ; la plupart de ces produits proviennent des
vignes hautes, appuyées sur des arbres tuteurs si
bien émondés, que l'ombrage pas plus que les
racines, ne peuvent occasionner le moindre tort.
L'on se garde bien, en ces lieux, de diriger *traver-
salement* de la ligne des ceps un seul pampre,
défaut généralement remarqué dans les vignobles
de France, où l'on n'a pu comprendre qu'en agissant
ainsi l'on forme tonnelle, la pire des méthodes,
puisque les sarments et les feuilles, faisant bouclier
au soleil, privent les fruits de ses rayons, tandis

qu'en lignes, dans la même direction et surtout placés du levant au couchant, les vignes hautes profitent, tout en étant à l'abri des gelées, des bienfaisantes influences de l'air, qui leur fait trop souvent défaut dans les fonds riches et bas.

Du reste, que la qualité soit acquise en proportion du degré d'élévation, d'accord pour certains terrains maigres, mais pour les sols fertiles, nous le nions.

L'essentiel est de savoir interroger la nature dans ces mille situations diverses et de varier les hauteurs.

N'oublions pas que le climat et la nature du sol sont l'origine des miracles œnologiques; le cépage, selon nous, ne vient qu'en deuxième ordre, non d'une manière absolue, mais presque absolue; ainsi qu'on suive par des distances convenables, par des mouchages réitérés, le système indispensable à tout vignoble bien dirigé, qu'on lui ménage la vitalité que procurent les rayons du roi des astres, on arrivera à cette maturité contestée, avec la même précocité remarquée dans les vignes moyennes.

Là, est là clé de tout succès; les anciens qui observaient beaucoup disaient avec bon sens : *sine sole nihil.* Nous ne les contredirons pas ; au contraire, nous réclamons, pour les hautains, une part de ces rayons bienfaisants, et c'est justice, car ne luit-il pas pour tous ?

On sait que nous avons, en France, quelques crûs célèbres en hautains. Nous pourrions en citer, en Espagne et en Portugal, plusieurs autres aux Açores, et en Italie où le fameux vin de Paluso, qui est connu et apprécié de tout le monde, en provient également.

Qu'est-ce qui empêche, si l'on craint l'usage des tuteurs, d'user de perches sèches pour soutiens ; mais nos recommandations pour les arbres tuteurs doivent suffire à détruire ces craintes ; un saule, élagué tous les ans, donne peu d'ombre, un osier, un érable, un cerisier aussi, surtout de l'espèce indiquée, et comme les branches de la vigne s'étendent, si l'on craint trop, on n'a qu'à supprimer les boutons près des soutiens et n'en laisser qu'à une certaine distance.

Pour se former une idée de la puissance de végétation de la vigne et des produits fabuleux qu'avec le temps et l'espace, on peut obtenir d'elle, il nous suffira de citer les quantités prodigieuses produites, non par le cep de Hamp-

ton-Court (Angleterre), non par celui de Fon-
tainebleau, ni par ceux de Tiflis (Crimée), mais
par les vignes d'Aranjuez (Espagne), dont les
ceps fournissent annuellement chacun plus de
trois cents kilos de raisins. Dans la Virginie,
des vignes de moins de vingt ans donnent plus
de cent cinquante kilos de raisins ; dans la
Caroline et la Géorgie, elles produisent jusqu'à
cinq cents kilos.

Les Egyptiens, les Grecs, les Romains,
nous dit M. Laliman, cultivaient les vignes
hautes ; ils les plantaient « régulièrement en
lignes droites ; les branches des arbres auxquels ils les mariaient furent plus ou moins
retranchées, les pampres élagués ; » ils
obtenaient ainsi « des fruits supérieurs, une
maturité plus convenable, des qualités plus
précieuses qui, pendant des siècles, ont illustré Chio, Candie, Chypre, Rhodes, Falerne,
Settia, Syracuse, etc., etc., telle fût et telle

est encore la culture pratiquée, dans certains pays méridionaux de l'Europe, de l'Asie, de l'Afrique et de l'Amérique. »

En Asie, dans les environs de Tiflis et dans le midi du Caucase, on n'emploie pas d'autre procédé ; en Amérique, il est fort usité, notamment dans la Caroline, la Nouvelle-Orléans. En Europe, la Grèce, la Hongrie, l'Italie, certaines régions de la France (Madiran, Jurançon), l'Espagne, le Portugal, ont une quantité de vignobles renommés qui ont tous le même système.

Les érables, les platanes, le peuplier, le cerisier, peuvent servir de support à la vigne, seulement il faut avoir le soin d'élaguer et couper fortement les arbres, de façon à ce que leurs racines ne prennent pas un développement nuisible au cep. Ces tuteurs naturels remplaceront avantageusement ceux que l'on pourrait employer artificiellement, pieu, pal, échalas, latte, perche, etc., dont les intempéries des saisons et les charges elles-mêmes auraient trop vite raison. Un support vivant pourrait soutenir, en moyenne, de vingt à quarante ceps, à l'aide de pieux, de perches et de fils de fer reliant tous les poteaux naturels ensemble. Les arbres doivent être assez espacés; l'ombrage est l'ennemi mortel de tous les vignobles et cause un préjudice sérieux à la qualité du vin, en retardant ou empêchant la maturité du raisin. Si l'on suivait l'exemple du grand viticulteur bordelais qui est, en même temps, un pomologue fort distingué, et que l'on employât les pommiers comme tuteurs, il faudrait avoir recours à des tailles répétées, afin d'empêcher la croissance des arbres à fruit. On sait, en effet, que le volume des racines est en raison directe de la tête; en émondant, d'une façon énergique, le sujet, on arrête le développement *radiculaire*, et en mettant obstacle à celui-ci, finalement on empêche le développement de la tête.

Il faut en outre avoir le soin de planter les tuteurs naturels à une certaine distance des ceps ; quelques centimètres paraissent insuffisants. En partageant l'espace qui existe entre les deux ceps dans la ligne desquels ces supports seront placés ou en les plaçant au centre de la circonférence décrite, en prenant quatre pieds de vignes sur trois lignes[1], pour limite du cercle, on obtiendra des distances fort convenables. Nous savons tous que plus les espacements sont considérables, plus les ceps voisins sont vigoureux et fructifères. Ces supports n'ont qu'une grande raison d'économie ; par leur plus longue résistance, en raison de la vitalité dont ils sont pourvus, ils dispensent de renouveler aussi souvent les tuteurs à longue portée et les échalas.

Les vignes américaines, on le sait, n'ont pas

[1] Deux ceps, par conséquent, sur la ligne centrale.

les mêmes aptitudes que les *Vitis vinifera*.
Beaucoup plus que nos cépages européens, les
Vitis Æstivalis, Cordifolia, Riparia, Vul-
pina, etc., etc., demandent à se développer,
suivant le sol et l'intelligence du vigneron. Les
vignes des Etats-Unis exigent, surtout, une
taille proportionnée à l'étendue qu'on leur
accorde, et sont d'autant plus vigoureuses
qu'on leur laisse « plus d'espace, plus de bois,
plus d'ampleur, plus d'air surtout. »

Dans certains pays, on plante en ligne les
hautains, entre 6 et 8 mètres ; à Jurançon et
Madiran, entre 4 et 6 mètres ; en Virginie,
entre 1 et 7 mètres ; en Géorgie, entre 8 et
10 mètres. Toutes ces distances ont peut-être
été maintenues par la routine, mais il serait
néanmoins imprudent de ne pas en tenir
compte et de brusquer les faits établis. L'intelligence du vigneron, en lui faisant adopter
tel ou tel cépage, parmi ceux que nous recom-

mandons, et la connaissance que tout agriculteur doit posséder de la nature de son terrain,
de la profondeur de son sol et de ses qualités,
rendent, en quelque sorte, le viticulteur souverain juge de l'affaire et de la longueur de la
taille à adopter en conséquence.

Selon la vigueur du cep et la nature des
cépages, les branches latérales devront être
plus ou moins allongées, tout en coupant autant
que possible sur le vieux bois ; à l'exception
du genre *Vulpina,* qui ne veut pas être taillé,
ni reproduit de bouture, tous les cépages à
moëlle abondante et à écorce striée acceptent la taille et semblent s'en bien trouver.

On a beaucoup crié contre la taille qu'exigent les vignes américaines, et cependant rien
n'est plus simple, rien n'est plus facile.

Nous allons emprunter à M. Paul Douysset,
les détails qu'on va lire[1] et que tous les vigne-

---

[1] *Messager agricole,* tome V, n° 12.

rons ont besoin de connaître ; ils vont corro-
borer ceux de M. Planchon, que nous avons
reproduits précédemment.

Il ne faut pas avoir la moindre notion de viticulture américaine pour la donner (la taille) comme
un obstacle à la régénération de nos vignobles par
les cépages d'au-delà l'Atlantique.

Voici comme il conviendra d'opérer :

On maintiendra le tronc de la souche à une
hauteur de 30 à 40 centimètres, et, sur ce tronc, on
laissera tous les ans, suivant la vigueur du sujet,
soit trois, soit quatre, soit six, soit même huit
coursons, qu'on taillera sur huit yeux en moyenne.

Quand les coursons, ainsi taillés, seront rigides,
et ce cas se présentera le plus souvent avec les
Æstivalis, dont les nœuds ne sont pas très écartés
les uns des autres, il n'y aura pas d'inconvénient à
les abandonner à eux-mêmes, car ils ne fléchiront
pas sous le faix de la récolte suivante, et les raisins
seront toujours à une hauteur raisonnable du sol.

Quant, au contraire, ces coursons seront flexi-
bles, on les redressera, en rapprochant leurs extré-
mités, qu'on attachera en faisceau, au moyen d'un
lien quelconque ; les coursons se prêteront ainsi
un mutuel appui et garderont une position conve-

nable ; si, par hasard, ils penchaient trop d'un côté ou de l'autre, on aurait recours à un tuteur.

Le *Clinton* exige seul une taille spéciale, la taille à éperon, qui consiste en ceci :

Au lieu d'enlever tous les sarments que porteront les coursons taillés sur huit yeux, on laissera les plus vigoureux et on les taillera sur deux yeux.

La taille de la vigne veut, dit-on, une pratique éclairée, des mains habiles ou exercées, bien que son origine remonte à la gloutonnerie d'une chèvre, selon les uns, ou à la friandise d'un âne, selon les autres.

« L'on doit, en effet, supposer, écrit M. Laliman, que les vignes, dans l'origine, supportées d'arbre en arbre et taillées par la dent des animaux, » offraient « de plus beaux fruits que celles qui » n'avaient « aucun retranchements dans leurs rameaux et que, dès lors, l'art du vigneron fut trouvé. »

A l'exception des vignes du groupe *Rotundifolia*, les autres genres veulent être taillés,

mais chacun exige, suivant le sol, une taille
spéciale. Les *Riparia* et les *Cordifolia,*
d'après M. Laliman, doivent être coupés plus
longs que les autres genres et, suivant
M. Isidore Bush, quoique le *Clinton* réclame
beaucoup d'espace pour s'étendre, ce cépage
veut être taillé court sur le vieux bois (coursons
sur les branches de charpente) pour donner de
bons résultats.

Le *Warren*, pour être productif dans les
sols riches où il fait trop de bois, exige une
taille généreuse. Le *Cunningham* demande
à être abattu en coursons sur les sarments latéraux, c'est-à-dire, « sur les branches secon-
daires ou latérales des sarments aoûtés de
l'année précédente (Planchon). »

En général, plus la vigne sera vigoureuse,
plus elle s'emportera, plus il faudra lui donner
de bois ; on modérera de la sorte la vigueur de
l'arbuste en donnant un plus long cours à la

sève, et en divisant sa force d'expansion, on obligera le sujet à donner de plus beaux rendements. Au reste, *taille longue avec bois de remplacement* ou *taille courte sur courson à deux ou trois yeux* sont toutes deux également adoptées aux Etats-Unis. Ce n'est pas, en effet, « la *taille courte sur bois de charpente long* qui est nuisible aux vignes américaines ; c'est la *taille courte sur ceps ravalés et en buisson*, comme nous tenons les nôtres dans le Midi (Planchon). »

Un des avantages des vignes américaines, « c'est que tout individu doit en peu de jours, sinon devenir vigneron consommé, du moins tailleur de vignes, et cela suffit. Dans cette simple méthode de culture, que faut-il? Des yeux et fort peu de discernement ! Le sarment est-il gros et allongé? vous y laissez plus ou moins de boutons. Est-il faible ? vous le raccourcissez ; il mettra deux ou trois ans pour arriver au pied voisin, mais voilà tout ce à quoi il faut viser. Dès lors, tout manœuvre peut tailler de la vigne ainsi agencée, il connaîtra vite, aussi stupide qu'on puisse le supposer, si le bois est mûr ou non. Rabattre les cots le plus près possible du vieux bois, en y laissant plus ou moins d'yeux, selon la vigueur du cépage, résume tous les secrets de la taille à cordons[1]. »

VENDANGE.

La récolte des raisins ou la vendange est le premier acte de la vinification, le dernier et le seul but de la viticulture. La vendange est le fait suprême qui résume et sanctionne tous les travaux du vigneron et toutes les dépenses du propriétaire.

Les vendangeurs, femmes, enfants, vieillards, sont munis chacun d'une serpette ou de ciseaux : ils sont rangés par un conducteur sur une des deux lignes qui imitent la largeur de la vigne, chacun à l'extrémité d'une ligne de ceps, si les vignes sont alignées ; dans le cas contraire, les vendangeurs

---

[1] Taille de la vigne à cordons, vignes et vins étrangers. (Laliman.)

sont placés à la distance d'un mètre ou d'un mètre et
demi les uns des autres : ils marchent ainsi parallè-
lement en cueillant avec soin le raisin jusqu'à la
limite extrême de la vigne, puis ils reviennent en
sens contraire en vendangeant une seconde zône.
Ainsi de suite jusqu'à ce que toute la pièce de vigne
soit vendangée. Un homme, par quatre ou six vendangeurs, prend les paniers à mesure qu'ils sont
remplis et les verse dans de plus grands récipients,
placés à une distance prélablement calculée sur
la quantité de raisins attachés au cep et appréciée
à vue d'œil par le maître vigneron, qui ne s'y
trompe guère.

Chaque récipient a une contenance de cent litres.
Il doit être imperméable, afin de ne pas laisser
échapper le jus du raisin qui s'y épanche en abondance dans les année de grande maturité, c'est-à-
dire dans les meilleures années.

Les récipients des différents vignobles varient à
l'infini. Les uns sont en osier, les autres en bois :
les uns constituent des hottes à deux brassières, les
autres des paniers à deux poignées.

Les récipients étant remplis, on les transporte
hors de la vigne, soit à dos, soit à bras, et on les
range au nombre de 20 ou 30 sur la plate-forme
d'une voiture qui les attend, ou bien on verse leur
contenu dans des tonneaux ouverts par le haut,

dans des cuves de vendange ou balonges fixées sur les voitures, pour y recevoir directement les raisins des récipients.

Les récipients ainsi vidés sont rapportés dans la vigne pour y être remplis de nouveau ; on comprend que pour ce dernier mode d'opération, il faut beaucoup moins de récipients que quand ces récipients sont transportés pleins à la maison d'exploitation. Mais, en revanche, les tonneaux ouverts (gueules-bées), les cuves ou ballonges de vendange deviennent inutiles, quand les récipients sont emportés pleins et rapportés vides par les voitures.

Les paniers des vendangeurs sont en osier (dans beaucoup de régions, ils sont en bois). Ils doivent mesurer un décimètre de profondeur à peine (ceux en bois sont assez profonds, 0^m 20 centimètres environ), mais en revanche ils doivent offrir une large surface (12 décimètres carrés au moins) surmontée d'une anse élevée de trois décimètres environ.

Si l'on transporte la vendange dans des tonneaux (gueules-bées, cuves ou ballonges) placés sur voiture, les récipients de vendange devront toujours pouvoir contenir la moitié de la récolte de la journée, c'est-à-dire que pour vendanger un demi-hectare par jour, il faut au moins 25 récipients (par

20 vendangeurs). Ils doivent être au nombre d'au moins 50 s'ils servent directement aux transports. Aux récipients il faudrait joindre au moins 30 paniers, 25 serpettes et 25 ciseaux[1].

Tous les systèmes de vignobles (vignes basses, rez-terre, vignes élevées, vignes à échalas petits ou grands) sont susceptibles de voir les mêmes procédés de récolte plus ou moins employés par leurs propriétaires; néanmoins la vendange des hautains ou vignes hautes, quoiqu'elle puisse être faite à peu près, dans les mêmes conditions, offre plus d'avantage, si l'on emprunte à M. Frœlick, des États-Unis, quelques-unes de ses idées, en les modifiant suivant les circonstances et les besoins du moment.

Trois hommes armés de grandes gaules ou lattes et suivis d'un tombereau portant une cuve ou ballonge font tomber sur une toile,

---

[1] Guyot. Pour plus de renseignements, voir son admirable *Traité sur la Culture de la Vigne et Vinification*.

suspendue au-dessus du tombereau ou plutôt au-dessus de la cuve, et munie (la toile), dans la partie centrale, d'un entonnoir ouvert, les fruits ou baies dont la maturité est assez avan-cée pour qu'ils puissent se détacher des brin-dilles qui les portent. La toile étant placée sur des tonneaux ouverts (gueules-bées), les baies y arrivent d'elles-mêmes, par le canal de l'entonnoir, assez large pour leur donner pas-sage. Ces toiles, qui peuvent mesurer neuf mè-tres carrés, doivent être maintenues au-dessus des gueules-bées, à l'aide de quatres barres de fer ou tringles fixées sur les deux limoniers et coudées, de dedans en dehors, de façon à ce qu'une toile de neuf mètres carrés puisse représenter une superficie de huit mètres environ. Les feuilles qui peuvent se détacher sont emportées par la brise, le vent ou sont triées à mesure, sans aucune perte de temps. Un simple petit râteau suffit à cette opération et l'on peut, dans une journée de travail à deux, faire tomber plus de cent hectolitres de fruit sans beaucoup de fatigue, et les faire rendre au vendangeoir sans plus de peine. Trois charretiers, cinq chevaux et cinq cuves (suivant la distance, bien entendu), peuvent fournir les vendangeurs qui n'ont pas, de la sorte, de temps à perdre, un tombereau devant toujours être disponible sur les cinq qui doivent faire le service. Les charretiers ne doivent ni attendre ni faire attendre, de cette façon il n'y en a jamais qu'un à la vigne, pour faire le service des gueules-bées. Le service du vendeangeoir se fait, suivant l'usage du pays et plus ou moins facilement, selon les dispositions locales.

Pour les variétés appartenant aux autres genres qui sont cultivées en hautains ou vignes hautes, les vendanges peuvent être faites de la même façon, mais présentent quelques diffi-

cultés que les *Rotundifolia* n'offrent point.
Il faut des escabeaux, des échelles, de
grands ciseaux, de longues serpettes de jardi-
nier, etc., la toile cirée nous semble indispensable pour faire vite avec le moins de main-
d'œuvre possible. Deux vendangeurs font la
cueillette : le raisin tombe de lui-même sur la
toile qui fait creux au milieu, et est munie
d'un entonnoir central, portant une espèce de
trappe glissant dans une rainure et que le
charretier ou l'un des vendangeurs fait descendre ou monter à volonté, à l'aide d'une
simple manivelle. Cette trappe ou manivelle
n'a de raison d'être que pour empêcher les
raisins de conserver, avec eux, tous les débris
et feuilles qu'ils entraînent dans leur chute et
dont le charretier ou l'un des vendangeurs les
débarrasse à l'aide d'un petit râteau. Le
charretier, qui aide à cueillir les raisins à sa
portée, trie les feuilles, fait avancer et reculer

le tombereau quand le besoin l'exige, et fait descendre dans le récipient, cette opération une fois faite ou chaque fois que c'est utile, les raisins qui se trouvent sur la toile. Trois charretiers et six tombereaux à tonneaux ouverts peuvent servir, avec six chevaux, environ dix-huit vendangeurs, en raison du temps nécessaire pour placer ou déplacer les escabeaux et les échelles, et pour aller d'un cep à l'autre ; il est également nécessaire, à cause des lignes de plantation et du rapprochement des pieds de vignes, qu'il y ait un tombereau à tonneau ouvert de chaque côté des lignes de ceps ; on évite ainsi d'être obligé d'y revenir pour en terminer la vendange. Ces deux tonneaux ouverts se placent vis-à-vis l'un de l'autre et tellement près qu'en avançant ou reculant l'un deux, les toiles se croisent un peu en avant ou en arrière, de cette façon il ne tombe rien par terre : manœuvres comme propriétaires y trouvent leur avantage.

Le triage et le nettoyage des raisins au lieu de se faire directement à la vigne, méthode que nous condamnons, parce qu'elle exige un double service et des frais de main-d'œuvre assez considérables, se fait à l'arrivée des récipients au vendangeoir, avec beaucoup plus de sûreté et de perfection, au moyen de râteaux spéciaux, râteaux à huit dents de 0ᵐ 15 à 0ᵐ 20 centimètres de long et légèrement recourbées, en angle aigu, pour la facilité du travail.

Pour les hautains moins élevés, ceux sous lesquels les tombereaux à ballonge ne peuvent pas circuler, il y a une autre méthode économique d'opérer sans trop de frais ; on peut se servir de petites cuves placées sur de petites charrettes à bras ; ces petites cuves sont munies de petites toiles cirées, de cinq mètres carrés, portant entonnoir comme les plus

16

grandes. Deux vendangeurs font le service de chacune d'elles, les changent de place, selon leurs besoins, jusqu'à ce qu'elles soient pleines. Quinze charrettes ainsi organisées et dix-huit vendangeurs peuvent donner, suivant la distance, assez de travail à deux ou trois charretiers conduisant chacun un cheval de force ordinaire. Les chevaux sont attelés séparément à de simples avant-trains qui viennent prendre, à tour de rôle, pour les conduire à la maison d'exploitation, les petites charrettes à ballonge aussitôt chargées. Ces petites charrettes qui ne sont à proprement parler que de petites plates-formes à 2 roues, sans bras ni timon, reçoivent, sur leurs traverses principales, la tête du V que portent les avant-trains, construits dans le genre de ceux qui servent aux machines agricoles de fabrication anglaise. Une cheville mobile prise à la plate-forme par une petite chaîne, fixe l'avant-train à la petite charrette, et deux chaînes d'un mètre vingt environ, rivées à la plate-forme de chaque côté des limoniers, viennent s'adapter aux crochets que portent les bras de l'avant-train et rendre la marche plus régulière.

On peut supprimer l'avant-train et se servir de plates-formes à 4 roues semblables, en petit, aux plateaux des chemins de fer; dans ce cas, il serait indispensable que ces porte-ballonges fussent munis de limons[1].

---

[1] Dans son *Traité sur la Taille de la Vigne à cordons*, M. Laliman nous dit : « Avec les vignes hautes, les vendanges sont plus difficiles ; il faut des escabeaux ou des échelles ; en Italie, sur les vignes d'un certain âge, on met les enfants à cheval sur les cordons, car, dans ce pays, il n'y a guère moins de trois ceps par tuteur ; et, même dans le royaume de Naples, on va jusqu'à dix ; on comprend qu'elle force présentent plusieurs rameaux enlacés les uns aux autres. »

Le système que nous proposons nous semble plus économique, nous pourrions même dire plus pratique. Nous avons assisté, dans le cours de notre vie, à bien des vendanges, notamment dans le Milanais, le Parmesan, la Toscane et l'ancien royaume de Naples, entre Isoletta et Caserta, dans le pays où la vigne se marie à l'olivier, et ce que nous avons vu, nous engage à dire que, dans les mêmes conditions, nous n'hésiterions pas à employer la méthode que nous préconisons, comme plus expéditive et moins onéreuse.

VINIFICATION.

On reproche aux *Rotundifolia* de produire des fruits trop pulpeux et d'avoir un goût particulier, caractéristique ; on reproche aussi aux *Labrusca*, aux *Cordifolia* et aux *Riparia* leur goût plus ou moins foxé *(foxy)*, plus ou moins désagréable à nos palais d'Européens.

Les Américains, dont l'intelligence commerciale est exceptionnelle, laissent beaucoup à désirer au point de vue des soins qu'ils apportent à la fabrication du vin. Pour eux, le temps est un peu trop de l'or, du *dollar*, pour nous servir de leur terme favori. Ils n'apportent pas assez de précaution dans toutes les opérations préliminaires de la vinification. A l'exception des *Rotundifolia* dont ils sont obligés d'attendre la complète maturité ou de faire les vendanges à plusieurs fois, ils cueillent presque toujours ensemble le verjus et le raisin. Ils ne tiennent aucun souci de la capacité des tonneaux, de leur nettoyage, du chauffage et de l'aérage des vinées. Ils n'apportent aucun discernement dans l'égrappage[1] qu'ils pratiquent ou qu'ils négligent à tort ou à travers ; ils ne tiennent aucun compte de l'épepinage et font du sucrage de leurs vins une nécessité absolue. Laissant les grappes et pulpes des *Labrusca* à goût *foxé* au milieu de moûts naturellement bons, ils arrivent à obtenir des produits plus ou moins détestables qu'ils additionnent de sucre indistinctement, avant, pendant ou après la fermentation. En agissant autrement, en enlevant les grappes des *Labrusca* et des *Cordi-*

---

[1] « La *rafle*, si elle est conservée au pressurage ou si elle participe à la cuvaison, ne peut céder au moût et au vin qu'un principe astringent, dont la base principale est le tannin ; ce principe est utile dans les vins blancs chargés d'albumine, il est même employé, comme remède efficace, contre la maladie des vins blancs qu'on appelle la *graisse*. Il n'est ni nuisible à l'estomac, ni désagréable au goût, s'il est en faible proportion dans le vin blanc ou dans le vin rouge ; il donne d'ailleurs du corps au vin et n'est pas étranger à sa fermeté et à son bon goût ; mais si ce principe contient du *tannin en excès*, le vin est *dur, acerbe, astringent, désagréable* au goût et lourd à l'estomac (Guyot). »

folia, égrappage qui est souvent nécessaire en France, en opérant l'épepinage[1] et profitant seulement des sucs abondants des *Rotundifolia,* des *Labrusca,* des *Æstivalis* et des *Cordifolia,* ils obtiendraient des vins de qualité supérieure, surtout s'ils modifiaient

---

[1] « La rafle est moins nuisible à la qualité des vins que les pepins et les pellicules, qui contiennent des huiles grasses et des matières albumineuses en excès ; les pepins surtout contiennent les éléments les plus nuisibles à la délicatesse, à la santé des vins dans lesquels ils ont longtemps macéré. L'épepinage, pour les vins rouges, est beaucoup plus important que l'égrappage.

» L'épepinage des raisins ne serait ni long, ni difficile, ni très dispendieux, mais il nécessiterait l'égrappage préalable. Les rafles étant mises à part pour être rejetées au besoin dans la cuve, les grains isolés se crèvent au foulage en lançant, au dehors de la pellicule, le jus et les pepins qui y sont contenus : si donc les grains étaient foulés à la main sur une toile métallique à mailles carrées de deux millimètres et demi à trois millimètres, le jus et les pepins passeraient à travers pour tomber ou être conduits par une coulisse dans un baquet, tandis que les pellicules resteraient sur la toile métallique où elles seraient recueillies après une ou deux manutentions, pour qu'on put vérifier l'expulsion de tous les grains et ensuite les jeter dans la cuve. Quant aux pepins, on les trouvera tous au fond des baquets ou surnageant sur les jus avec lesquels ils sont tombés ; on les séparera facilement par un écumage ou par une simple décantation, ou en jetant les jus sur un crible assez fin pour les retenir tous (Guyot). »

Si peu pratique que soit ce procédé, nous sommes heureux de l'indiquer à ceux qui ne le connaissent point, persuadé qu'ils pourront, sinon l'appliquer, du moins en tirer parti, en mettant de côté, le plus possible, tous les pepins que le foulage et le remuement des raisins et des rafles pourront faire sortir des bourses.

leur système de foulage ou d'écrasement des raisins. Les cylindres de leurs fouloirs mécaniques ne sont pas toujours assez distants; les pepins et les rafles sont souvent écrasés. L'huile des premiers et l'acide des seconds nuisent tellement à la qualité de leurs vins qu'ils devraient surtout y apporter plus d'attention.

Ils négligent aussi une question fort importante, celle du soutirage; ils laissent trop longtemps leurs vins sur leur lie défectueuse ou ne les transvasent pas toujours avec tous les soins nécessaires; leurs vins soutirés ne sont pas limpides ou parfaitement séparés de leur dépôt ou lie; leurs tonneaux ou futailles sont quelquefois mal rincés ou mal échaudés : les bois qui servent à les faire sont souvent défectueux et donnent un mauvais goût, que ni l'échaudage, ni les lavages successifs ne peuvent parvenir à faire disparaître. Avec tant d'imperfections ou de négligence dans la vinification, il est facile de s'expliquer le peu de succès que trouvent près ne nous les vins américains, malgré les qualités qu'ils ont acquises dans ces dernières années.

« Si le jugement de la commission de dégustation du Congrès viticole de Montpellier, comme celui du public, a été souvent défavorable à la plupart de ces vins, il importe d'observer qu'ils ont été produits dans des conditions très désavantageuses, surtout ceux qui ont été récoltés en France. En effet, pour ces derniers, par suite de l'impatience bien naturelle où l'on était de goûter des produits des vignes américaines, quels qu'ils fussent, et par suite de leur rareté même, on a dû se contenter de vins, pour la plupart, à peine faits depuis quelques jours, provenant de raisins presque verts, cueillis sur des souches trop jeunes ou des greffes de l'année ; ils étaient, en outre, récoltés en quantités si minimes, qu'il avait fallu le plus souvent se contenter de les faire fermenter dans de simples bouteilles, et personne n'ignore que des fermentations faites dans de pareilles conditions laissent toujours beaucoup à désirer.

» Quant aux vins produits en Amérique, chacun sait combien il existe encore peu de vignes dans cette contrée et combien la vinification y est à l'état primitif. En outre, la plupart des vins y sont d'ordinaire sucrés, manipulés (*gallisés*, comme disent les Américains), en vue du goût local.

» Les vins ainsi préparés offrent peu d'intérêt ; il avait été demandé autant que possible, en Amérique, des vins bien naturels, produits tout simplement suivant les procédés français ; mais encore sont-ils en général usés ou trop âgés, mal faits ou mal conservés.

» Et cependant, en tenant compte de conditions aussi peu favorables à une comparaison avec nos propres vins, quelques-uns de ces produits ont été jugés favorablement. S'il est des variétés telles que l'*Ives seedling*, ayant un goût *foxy* (sauvage ou du renard), rapproché par d'autres du goût de cassis ou de framboise, qui rend ces vins peu propres à la consommation européenne, on en trouve, par contre, certains chez lesquels ce goût spécial est fort léger et nullement désagréable. Il y a tout lieu de croire que le consommateur s'y habituerait bien vite, s'il venait à être malheureusement privé de nos vins de cépages européens. Du reste, les vins provenant des diverses variétés d'*Æstivalis* sont beaucoup plus exempts de ce goût que ceux que produisent les *Labrusca*, les *Cordifolia*, etc.; *quelques espèces ont même été fort appréciées*, et nous devons mentionner, parmi celles-ci, en fait de vins rouges, les *Cynthiana*, les *Nor-*

ton's *virginia*, et en fait de vins blancs, les *Martha, Gœthe, Rulander, Hermann, Herbemont, Cunningham*, ces quatre derniers faits en vin blanc avec des raisins rouges.

» On peut aussi espérer que le goût originel, qui surprend et déplait dans beaucoup d'autres variétés, *pourrait se modifier et s'atténuer par la culture de ces mêmes cépages, sous notre climat et dans un sol différent*, et aussi par nos procédés de vinification, plus perfectionnés en Europe. C'est ainsi que le vin qui a le plus vivement intéressé et satisfait la commission de dégustation est celui que M. Laliman a exposé comme produit, cette année, par les cépages de *Jacquez-Laliman* et les *Warren*. Ce vin, quoique si jeune et produit par les paluds, a une magnifique couleur et un goût irréprochable, qui le rapproche beaucoup de ceux que produisent les cépages bordelais cultivés dans les mêmes

conditions. M. Laliman pense que ces mêmes
variétés américaines, si elles étaient cultivées
dans des terrains supérieurs, coteaux, graves,
et non plus dans les terrains humides et
d'alluvion des bords de la Garonne, produi-
raient des vins encore bien meilleurs[1]. »

Nous n'avons fait qu'effleurer tous ces points
et croyons qu'il suffit de les signaler à l'attention des vignerons français, pour qu'ils puissent
envisager l'avenir moins en noir et être convaincu qu'ils pourront faire d'excellents vins

---

[1] Extrait du rapport de la commission de dégustation pour l'état des
vins américains qui figuraient à l'exposition des vins faite pendant la
durée du congrès viticole de Montpellier; rapporteur, M. J. Leenhardt-
Pomier.

Voici les noms des membres de la commission de dégustation :

Bencker, négociant à Cette ;

Ch. Blouquier, membre de la Chambre de commerce de Montpellier;

L. Guiraud, ancien président de la Chambre de commerce de Nîmes ;

Ch. Leenhardt, membre de la Chambre de commerce de Montpellier;

Ch. Leenhart-Pomier, négociant à Montpellier ;

Marigo, membre de la Chambre de commerce de Cette;

Peyron, juge au tribunal de commerce de Montpellier;

Quet, juge au tribunal de commerce de Cette ;

Rieunier de François, négociant à Cette ;

Teissonnière, président de la Chambre syndicale du commerce des
vins, à Paris ;

Ladrey, professeur de chimie à la Faculté des sciences de Dijon.

avec les cépages des États-Unis, puisque M. Adelison Kelley et M. Werk ont trouvé le moyen, avec un raisin relativement inférieur (le *Catawba*), de faire d'excellents vins de Champagne et de bons vins de table par des procédés plus perfectionnés.

Nous allons les faire connaître en décrivant, d'après M. Planchon, l'établissement de la *Kelley island wine Company* : « Toute la portion hors du sol forme une salle de 58 mètres de long sur 25 mètres de large : c'est là que se font le pressage et la cuvaison des raisins. Deux plafonds en bois divisent la pièce en trois étages. Au rez-de-chaussée sont six grands pressoirs. Les raisins arrivent de la campagne apportés par divers propriétaires : on les met dans une caisse roulant sur des rails qui les amènent sur une bascule ; on les pèse ; on en paie le prix sur place ; on les verse dans une cuve, d'où un élévateur à auges, mû par la vapeur, les prend et les transporte au deuxième étage, dans la trémie d'une machine à égrapper qui écrase les raisins et, mettant de côté les rafles, n'en laissse passer que les grains et le jus. Ce jus, séparé du marc, est alors conduit par des tuyaux dans des cuves à fermentation placées sur le premier plafond ; le marc descend au rez-de-chaussée pour être soumis aux pressoirs. Ceux-ci sont commandés par une machine à vapeur de quinze chevaux, placée dans une pièce annexe ; mais on peut, à volonté, faire agir les pressoirs par la vapeur ou par une barre à main. Ces pressoirs traitent, chacun à la fois, trois tonnes de marc en six heures ; et telle est la rapidité de l'ensemble des opérations, que l'on peut, en six minutes, recevoir 2,070 livres de raisin, les écraser et en mettre le jus dans les cuves : vingt-quatre heures suffisent pour en traiter 72 tonnes. Dans le sous-sol sont disposées, en deux étages,

de vastes celliers voûtés, enfermant assez de
foudres pour contenir au besoin 14,230 hectolitres de vin, sans compter les milliers de
bouteilles de *Catawba* mousseux qui, soumises
au traitement de nos vins de Champagne, sont
classés par interminables rangées, suivant leur
âge ou leur période de fermentation. »
M. Planchon y a également remarqué une
machine à nettoyer les bouteilles, inventée
par M. Farçiot et mue par la vapeur. Cette
machine lui a paru des plus curieuses.

L'installation de la *Kelley island wine
Company* et son matériel de fabrication ont
un caractère de puissance mécanique peu
ordinaire aux Etats-Unis et nous ne sommes
nullement surpris de la qualité des produits
qui en sortent. Nous dirons plus : cette qualité doit être pour tous une *garantie d'avenir*.
Si, avec un outillage perfectionné, on peut
arriver, en Amérique, à faire d'excellents

vins, nous devons espérer d'obtenir avec
nos procédés de vinification et des raisins
venus dans de meilleurs sols (terroirs) et
mûris sous un climat plus favorable, des
qualités de vins bien supérieures. Le résumé des impressions de M. Planchon,
« c'est que les vins d'Amérique, en dehors de
ceux qui sont mal faits, ou chez lesquels le
goût framboisé s'accuse trop fortement, ou
que l'addition d'alcool accomode trop au goût
anglo-américain, ne méritent pas la mauvaise
renommée que l'Europe leur a faite, sur la foi
de vieux préjugés transmis et conservés par
l'ignorance; » c'est que « les vins de Californie,
qui sont tous faits avec des cépages d'Europe, »
« sont inférieurs aux vins analogues faits avec
des cépages indigènes. » Par conséquent, si
nos vignes d'Europe font de mauvais vins là-
bas et que les genres du pays en font de
meilleurs, nous pouvons dire que ce nœud

gordien œnologique est enfin tranché, fort heureusement pour l'ancien continent.

Ne voulant pas entrer dans plus de détails, ni reproduire des faits que tous les vignerons peuvent connaître aussi bien que nous-mêmes, sur la capacité des tonneaux, le foulage, le couvrement des cuves, la fabrication des vins spéciaux, etc., nous renvoyons nos lecteurs, pour tous les renseignements qu'ils peuvent désirer, au traité si instructif de M. Guyot sur la *Culture de la Vigne et la Vinification*, ou à la belle *Ampélographie universelle* de M. le comte Odard.

A ceux qui nous reprocheront la facilité avec laquelle nous avons laissé d'aussi graves questions de côté, nous rappellerons (nous l'avons déjà dit dans notre préface) que notre but, dans le *Phylloxera* et les *Vignes de l'avenir*, a été simplement de mieux faire connaître les cépages américains, d'en montrer

17

les qualités et les défauts et de mettre en évidence ceux dont nous espérons, sinon notre salut viticole, du moins la régénération de nos vignobles *phylloxérés*.

CONCLUSION

La science affirme qu'il faut que la vigne *périsse* ou que le PHYLLOXERA *disparaisse ;* l'Europe ne doit plus espérer d'échapper à l'insecte *vastratrix,* excepté en dehors des lignes isotermiques et isoclimatériques dont nous a parlé M. le vicomte de La Loyère. Nous pourrions dire plus et ajouter pour les adeptes de l'école de M. Planchon, pour ceux qui croient que le *Phylloxera* nous vient des Etats-Unis, que s'ils ont la preuve de l'existence *immémoriale* de l'aphis en Amérique, depuis le *Canada* jusqu'aux *Florides* et des *Florides* au *Texas* et au *lac Huron,* nos vignes euro-

péennes actuelles sont irrévocablement per-
dues ! Le froid comme la chaleur, l'humidité
comme la sécheresse ou la glace ne feront
jamais rien à l'insecte. « S'il a suffi d'un seul
cep contaminé pour importer le mal en
Europe, » les moyens qui sont à notre disposition, les moyens que nous offre la science
étant tous plus ou moins défectueux, plus ou
moins impossibles, nous sommes condamnés
à demeurer longtemps dans l'ère du *Phylloxera*, puisqu'il faut à jamais abandonner la
folle présomption d'exterminer *tous* les pucerons sans en laisser échapper un seul, et que
tout sera à refaire ou recommencer, tant qu'il
restera un de ces insectes en Europe !

Quelle que soit l'école à laquelle on appar-
tienne, on est forcé de reconnaitre aujourd'hui
que la crise actuelle entrainera la ruine de bien
des vignerons et que le nombre des heureux
privilégiés, assez fortunés pour traiter leurs

vignobles, sera des plus restreints. Pour cette classe de viticulteurs, il n'y a, en réalité, qu'une seule ressource, la seule qui leur reste, c'est de se servir, en attendant que la maladie ait fait son temps, des cépages américains que nous avons recommandé d'une façon spéciale, en raison de leur résistance à tous les fléaux connus. Nous ajoutons même, que le temps du fléau fût il accompli, l'on devrait encore se servir de ces vignes si calomniées! Comme porte-greffes ou comme vignes à produits directs, elles nous permettent aujourd'hui de reconstituer nos vignobles détruits par un mal qui ne pardonne pas et contre lequel on lutte inutilement, à moins d'avoir, à sa disposition, d'immenses capitaux ou des vignes d'un rapport considérable. Elles nous permettront plus tard, lorsque l'*ère du Phylloxera* aura cessé, comme toutes choses de ce monde, de quintupler la quantité de nos pro-

duits et d'arriver, comme la trop heureuse
Amérique, à posséder des hybrides d'une
qualité et d'une fécondité remarquables.

Promettre de superbes récompenses pécu-
niaires aux chercheurs de petites bêtes et de
nouveaux procédés d'extermination, c'est assurément bel et bien, mais ce n'est pas suffisant;
c'est rester au-dessous de la gravité de la
situation nouvelle.

Le gouvernement devrait favoriser les essais
de plantations de vignes exotiques; il devrait
encourager dans leurs œuvres, ces ardents
pionniers qui se nomment Laliman, Fabre,
Bouschet de Bernard, Bazille, etc.

Le Ministère de l'Agriculture devrait envoyer
aux Etats-Unis non-seulement des théoriciens,
mais aussi des praticiens, des vignerons à
côté des savants, pour étudier, sous tous leurs
rapports, les vignes qui florissent par au-delà
les mers qui baignent nos côtes.

Il devrait créer de grandes pépinières de vignes étrangères et de grands Instituts viticoles où chacun aurait le droit et le devoir d'aller s'instruire, non plus en chambre ou dans un jardin sur quelques ceps isolés, mais sur des milliers de ceps, sur des vignobles entiers, plantés en grande culture. L'Etat a bien, pour ses besoins, des forêts domaniales! Pourquoi n'aurait-il pas ses pépinières de vignes et ses vignobles ? L'industrie vinicole en vaut bien la peine, ce nous semble? N'est-elle pas un des plus jolis fleurons de nos finances, de nos fortunes ? Consultez le chiffre de nos impôts et les recettes des chemins de fer, et vous verrez dans quelle proportion elle rapporte à l'Etat, qui la grève des charges les plus lourdes et les plus vexatoires.

En parcourant le livre de M. Planchon, le livre de la science, l'agriculteur est pris d'une grande tristesse ; l'auteur qui s'estime heureux

« d'avoir fait connaissance avec toute une
catégorie de cépages longtemps inconnus ou
calomniés au-delà de toute mesure, » dit que
« la vraie conclusion à tirer de tant de faits
contradictoires, c'est qu'on ne peut juger
encore, sur quelques observations isolées ou
incomplètes de la manière dont le *Concord* et,
en général, les AUTRES CÉPAGES se comporteront sous notre climat « plus ou moins hospi-
talier. » Au lieu d'apporter la lumière, de
faire disparaître tous les doutes, les VIGNES
AMÉRICAINES ne font qu'aggraver la situation
par l'incertitude dans laquelle M. Planchon
laisse prudemment le vigneron, en raison de
« toutes les chances d'erreur qu'impliquent
l'état variable des sujets plantés, les diversités
du sol, les circonstances locales, bref tout un
ensemble de conditions qui peuvent égarer le
jugement et fausser les conclusions des effets à
tenter. » N'ayant pas le courage de tirer de

ces faits la seule déduction qui s'impose d'elle-
même, n'ayant pas le courage de demander à
M. le Ministre de l'Agriculture la création
indispensable d'Instituts et de pépinières viticoles, pour obvier aux inconvénients multiples
d'une situation compromise par la dernière
maladie de la vigne, l'auteur laisse aux individualités agricoles le soin de débrouiller ce chaos,
d'étudier la constitution propre des cépages
américains, leurs aptitudes et leurs chances
de réussite en France, comme si l'initiative
individuelle et l'intérêt privé, avec leurs faibles
ressources, leur peu d'influence et leur peu
d'effet sur les masses populaires, pouvaient à
eux seuls faire ces études et ces essais en grand!

S'adressant à l'administration, dès l'année
1864, M. le docteur Jules Guyot, qui n'avait
pas conscience du désastre actuel, mais qui
voulait arriver à l'amélioration du vignoble
français, écrivait les lignes suivantes :

« Il est facile, avec peu de dépense, de constituer des millions de ceps de vignes, en deux ans. Ces ceps, vendus à bas prix, couvriront largement la dépense faite pour les recueillir. Créez en Algérie, dans les Landes, en Sologne, en Champagne, *autant de pépinières et de vignobles modèles* qu'il y aura de déserts à peupler, et après dix années, le capital employé rendra 10 pour 100, les colonies seront fixées et les vins de France seront achetés dans le monde entier. En ajoutant à ces moyens immédiats *l'importation et l'étude des cépages étrangers poussée jusqu'à la vinification,* la science de la viticulture et de l'œnologie sera définitivement et solidement établie. »

Puisque M. Planchon n'a pas osé se faire le champion de cette thèse dont l'utilité actuelle est si manifeste, puisque, dans le rapport qu'il a eu l'honneur d'adresser à M. le Ministre de l'Agriculture, il n'a pas cru devoir élever sa voix autorisée pour plaider cette cause d'un intérêt si puissant, nous osons la prendre en mains, pour appeler sur elle l'attention de l'Etat.

En 1819, M. le duc Decaze eût l'idée de doter son pays d'un enseignement viticole, convaincu des avantages que la viticulture pourrait en retirer. Il fonda, dans cette intention, l'*École ampélographique* du Luxembourg, sous la direction de M. Hardy, seulement cette institution n'était qu'une *école* qui ne put, par conséquent, jamais atteindre le but que son fondateur s'était proposé. Au lieu de l'établir dans le Nord, il eût fallu l'organiser dans le Centre, l'Ouest ou le Midi de la France et lui dire d'étudier les cépages de l'univers entier, au point de vue vinicole et non au point de vue botanique. L'analyse des feuilles, du bois et du fruit intéresse peu le vigneron; ce qui l'intéresse, c'est la rusticité du cépage, la qualité de ses produits pour faire le vin et l'abondance avec laquelle il les donne. L'*École ampélographique du Luxembourg*, qui pouvait avoir son utilité scientifique, mais ne rendait aucuns services importants à la viticulture militante, était une institution mort-née. Rien de fécond, rien d'important ne devait en sortir, et cependant l'idée était bonne, l'idée était juste; au lieu de recevoir une direction, en quelque sorte essentiellement scientifique, si elle se fut trouvée dans un autre milieu plus loin de Paris, et sous la direction d'un homme de la trempe du docteur Guyot, voyant juste, plus en praticien qu'en savant, elle eût rendu d'immenses services à la viticulture et nous ne serions certainement pas aujourd'hui dans l'ignorance qui nous accable actuellement. En laissant à l'initiative individuelle et à l'intérêt privé, le soin de résoudre des problèmes ou de faire des essais qui nous intéressent tous, nous courons le risque d'être, dans dix ans, aussi avancés que nous le sommes à l'heure présente, avec cette différence que le fléau continuant à sévir, il y aura, peut-être à ce moment-là, les quatre cinquièmes des vignobles de détruits. Quelques spécialistes, quelques amateurs auront sans doute fait des essais, mais ces essais, heureux ou malheureux, n'auront été faits que sur certaines variétés et seront à peine connus d'une centaine de privilégiés ou demeureront longtemps ignorés des masses laborieuses. Ces essais, bons ou mauvais, ne seront pas suffisants, ils ne seront pas assez universels, c'est-à-dire ils n'auront pas été faits sur toutes les variétés de cépages que contient l'univers ; ils seront trop spéciaux, pour tout dire en un mot.

En France, nous l'avons dit, l'Etat possède des forêts domaniales ; il a ses haras nationaux,

il faut qu'il ait aussi ses grands Instituts viticoles où le vigneron puisse aller s'instruire et
des pépinières nationales, suivant l'idée de
M. Guyot, où les viticulteurs aient la facilité
d'aller s'approvisionner. Il ne suffit pas d'avoir
des écoles d'agriculture qui coûtent fort cher et
n'apprennent rien aux masses, des écoles qui
enseignent plutôt la théorie que la pratique à
de rares privilégiés, pour ainsi dire sans profit
pour le peuple, il faut surtout avoir quelque
chose qui serve à tout le monde et dont la
société entière puisse profiter. Ainsi le veut
l'intérêt général et la France elle-même en
tirera bénéfice ! Il est préjudiciable de laisser
plus longtemps l'initiative individuelle réduite
à ses propres forces. L'Etat a charge d'âmes ; il
faut qu'il nous éclaire pour l'avenir, les mo-
ments sont précieux, le temps presse, car il y
a péril pour les viticulteurs : aussi n'y a-t-il
plus un instant à perdre !

Nous prions donc M. le Ministre de l'Agriculture de soumettre à l'Assemblée nationale le projet suivant :

ARTICLE 1er.

Il sera créé, dans les Charentes et dans le Gard ou l'Hérault, deux Instituts viticoles.

ART. 2.

Chaque Institut aura un directeur et un sous-directeur vigneron.

L'exploitation recevra, en temps et lieu, le personnel nécessaire.

ART. 3.

L'Institut aura un seul professeur pour enseigner seulement la culture et la taille de la vigne, les différents procédés de vinification. Le professeur sera tenu d'aller faire, le dimanche, des cours libres dans chaque commune des départements désignés par M. le Ministre de l'Agriculture.

ART. 4.

L'Institut, en dehors d'un jardin botanique spécialement réservé aux variétés de vignes

de tous les genres connus, consacrera vingt-
cinq hectares à la culture de cent variétés des
cépages les plus recommandables, de façon à
ce qu'elles s'étendent chacune sur une surface
de vingt-cinq ares[1].

ART. 5.

Chaque Institut fera des semis, de manière
à obtenir, par sélection et fécondation des
variétés les unes par les autres, le plus d'hybrides possible.

ART. 6.

Une pépinière sera annexée à chaque Institut sous la direction d'un jardinier-chef. Les
sujets de cette pépinière seront catalogués,
tarifés et mis à la disposition des amateurs.

ART. 7.

Le sous-directeur vigneron aura la haute
direction du vendangeoir et du cellier de
l'Institut. Il publiera, chaque année, un rapport sur la qualité des vins obtenus et les pro-

---

[1] On trouvera en *annexe*, le tableau des cépages qui pourraient être
essayés.

cédés de vinification auxquels il les aura soumis.

Art. 8.

Le directeur fera paraître, tous les ans, un rapport sur l'état de la culture de l'Institut, la manière dont s'y comporteront chaque espèce de cépages et les différents semis et hybrides.

Art. 9.

Le directeur, le sous-directeur, le professeur et jardinier-chef seront logés à l'Institut. Le traitement du directeur sera de... 5000 fr.

Celui du sous-directeur, de.... 3000

Celui du professeur, de.:....... 3000

Et celui du jardinier-chef, de... 2000

Les manœuvres et domestiques seront payés suivant les habitudes locales, et le professeur indemnisé de ses frais de voyage, lorsqu'il ira faire des cours libres.

Art 10.

Une somme de trois cent mille francs est mise à la disposition de M. le Ministre de l'Agriculture, pour l'acquisition des terrains nécessaires à l'installation de ces deux Instituts

et l'acquisition et frais de transports des plants
que M. le Ministre de l'Agriculture fera venir
par l'intermédiaire des Consulats[1].

En terminant, nous ne résistons pas au
désir de faire une petite excursion dans le
domaine du passé, du présent ou de l'avenir.
Si exagérées que puissent paraître à ceux qui

[1] On pourrait se servir des fonds votés par l'Assemblée nationale à
l'occasion de la proposition de M. Destremx et de plusieurs de ses collègues, tendant à combattre les ravages exercés par le *Phylloxera*. En
attendant que la commission, nommée par M. le Ministre de l'agriculture,
puisse indiquer l'heureux et introuvable inventeur d'un moyen efficace
et économiquement applicable, dans la généralité des terrains, pour
détruire le *Phylloxera* et en empêcher les ravages, on devrait inscrire
cette somme au prochain budget ou bien ouvrir, dès aujourd'hui, un
crédit immédiat et nécessaire aux premiers frais d'achats et d'installation.

Nous croyons « qu'en présence d'un péril aussi manifeste que celui
qui menace, dans un avenir prochain, l'une des principales branches de
la richesse publique, » l'Assemblée nationale ne peut, pour cause d'économie, refuser les fonds nécessaires à la création de deux Instituts et de
deux pépinières viticoles où l'on étudierait la résistance de tous les cépages
du globe, la qualité de leurs produits et où l'on ferait, dans un autre ordre
d'idées, ce que M. le docteur Guyot voulait qu'on fît pour l'amélioration
du vignoble de la France, avant l'apparition de la dernière maladie de la
vigne.

Le rapport de M. de Grasset, membre de l'Assemblée nationale, nous
donne la conviction que ces instituts et ces pépinières combleraient, à
l'heure actuelle, une lacune des plus regrettables; nos députés doivent
donc être heureux de la faire cesser.

« La résistance de certaines vignes d'Amérique aux attaques du
Phylloxera a naturellement appelé les recherches sur les avantages que

nous liront, les situations que nous allons
tâcher d'esquisser à vol d'oiseau, elles sont
plus près de la réalité que de la fiction. Notre
récit est calqué sur les faits actuels que tout le
public viticole connaît plus ou moins, et dont
notre plume ne peut qu'imparfaitement retra-
cer le tableau désolé.

pourrait offrir leur introduction en France, si nos cépages étaient fatalement condamnés à disparaître. Bien des doutes existent cependant sur
les avantages que ces nouvelles vignes pourraient procurer. Quels seront
les produits de ces vignes transplantées sous notre climat ; conserveront-
elles la vigueur qui leur permet, en Amérique, de résister aux attaques de
l'insecte ? Ces vignes semblent offrir, d'ailleurs, d assez grandes difficultés
de culture, les seules variétés reconnues comme réellement réfractaires
au *Phylloxera*, ne peuvent que difficilement se propager de boutures ou
se greffer avec nos cépages. Il faut reconnaître, en tous cas, que lors
même que la culture des cépages réussirait dans notre pays, ce ne serait
qu'après bien du temps et d'énormes dépenses que nos vignobles pourraient être ainsi transformés, et cette transformation une fois accomplie,
si nous récoltions encore du vin, ce ne serait plus ces vins renommés,
dont la France a conservé jusqu'à présent le monopole, et que le monde
lui envie.

» Malgré ces doutes et ces inconvénients, l'introduction des cépages
qui auraient le précieux privilége d'être rebelles à la maladie, peut offrir
une dernière et suprême ressource, et nous croyons qu'elle doit être
encouragée. (Extrait du rapport). »

Ces quelques lignes doivent faire comprendre l'importance qu'il y a
pour nous tous et finalement pour l'Etat, à ce que le public viticole soit
bien fixé sur les avantages qu'offre la culture des vignes américaines et
qu'il sache où il lui sera facile de se procurer, avec sécurité, les cépages
essayés, dans telles ou telles régions. Les renseignements que pourront
donner les Instituts, les enseignements qui y seront faits, les produits

Contemplez, par la pensée, la lutte qui va s'établir entre les vignes actuelles de l'Europe et celles du Nouveau-Monde.

Fières de leurs traditions, de leur passé, de leur renommée, elles *(Vitis vinifera)* se croient toujours sûres de la victoire. Elles règnent encore majestueusement dans maintes régions

qui y seront récoltés dans un temps très rapproché, les plants qui y seront mis à la disposition des viticulteurs, en répandant un nouveau jour sur tant de questions délicates (qui ne seront autrement jamais résolues), rendront les plus grands services à la viticulture européenne et répondront non plus à un besoin comme au temps de M. Guyot, mais à une nécessité de premier ordre à une époque que M. Drouyn de l huys appelle l'*ère du Phylloxera*.

Les créations que nous proposons sont le *seul palliatif* à de si grandes calamités ; elles seules, si le fléau continue à sévir, empêcheront la maladie actuelle de compromettre plus longtemps l'avenir vinicole de la France et les intérêts du fisc; mais, si l'Etat n'accepte pas hardiment notre projet, dans un laps de temps très rapproché, le *Phylloxera* aura fait perdre aux finances publiques de nombreux millions ; l'incertitude sur la valeur des cépages américains est trop grande aujourd'hui pour qu'il en soit autrement, car la science elle-même qui n'est pas assez instruite pour oser se prononcer, ne fait qu'entretenir les doutes ou créer de nouveaux embarras à l'initiative privée, toujours si *routinière* et si *peu novatrice !* L'enseignement, les concours et les encouragements publics manquent aux vignerons ; les leçons collectives et les exemples donnés de haut ne leur viennent pas en aide, disait, en 1864, M. J. Guyot. Au lieu de s'améliorer, la situation n'a fait que s'aggraver. Pour y remédier, hâtons-nous de créer des instituts et des pépinières nationales ; ainsi seulement nous arriverons à neutraliser les effets du mal, et pourrons apporter, tardivement c'est vrai, un remède efficace à des maux si funestes !

fameuses et semblent nous dire, en agitant leurs rameaux pleins de sève, l'Europe est à nous, l'avenir nous appartient.

Dans beaucoup de pays, elles ne croient pas à l'ennemi, au *Phylloxera*, cause ou effet, à la rivalité de leurs rivales, à l'heureuse fécondité de celles qui les détrôneront un jour !

Non ! elles ne peuvent y croire et cependant le désastre augmente ; il s'avance de tous côtés, frappant, dans toutes les directions, nos vignes et nos fortunes. Quand même ! elles ne veulent pas croire à l'immense danger ; elles espèrent toujours dans la pratique, dans la science, et chaque jour augmente le nombre des victimes ! Tous les vignobles de l'Europe seront bientôt envahis ! C'est le destin.

Si le hasard vous conduisait, vous tous que le désastre laisse indifférents ou qui n'en avez pas conscience, vers ces pays si tristement éprouvés par le mal, dans le Vaucluse ou le

Gard par exemple, vous ne verriez plus que des vignes très gravemēnt atteintes ou complètement détruites à la place de celles naguère si florissantes ; les quelques ceps qui restent encore debout, seuls ou isolés, semblent attester l'*immensité* des ruines ! Derniers témoins d'une végétation plantureuse, ils disent au voyageur attristé qu'il n'y a pas que les cités qui disparaissent sous un souffle funeste et que la nature, si jeune qu'elle soit toujours, est, elle aussi, comme les empires, victime de misères profondes et souvent inexplicables.

Aussi, pour ces régions, tout espoir s'est-il envolé ? Le deuil est général : leurs *Vitis vinifera* ont toutes succombé ! De toute part s'élèvent des monceaux de débris que la prudence a fait inutilement réduire en cendre, espérant purifier par le feu du bùcher, comme au temps des auto-da-fé, l'Europe devenue la

proie des légions pullulantes des aphidiens
maudits ! Pour ces contrées malheureuses, le
règne des *Vitis vinifera* est passé ; ils
doivent céder la place à des vignes plus jeunes,
plus vigoureuses, plus résistantes : aux Vignes
de l'avenir.

Par un prestige qui est dû au travail et à la
persévérance ou à l'intuition de quelques natu-
res d'élite, le monde viticole, dans ces régions si
maltraitées, commence néanmoins à reprendre
courage ! D'où vient ce changement ? De
quelques vignobles naissants qui se montrent
déjà. D'où vient ce changement ? De ce que les
vignerons de ces malheureux pays croient entrevoir enfin l'aurore de la délivrance ! Les teintes
sombres qui s'étendaient sur eux s'éclaircissent
peu à peu, et bientôt des cépages pleins de vie
se dresseront, majestueux de végétation, aux
yeux surpris du voyageur, qui reverra ces sites
naguère si désolés ! Bientôt reparaîtront,

comme par enchantement, sur ces coteaux,
dans ces vallées, de riches plantations, des
vignes d'une fécondité qui deviendra légen-
daire !

Reportons-nous, toujours par la pensée, à
dix ans de distance. Que voyons-nous? les
Æstivalis, les *Cordifolia*, les *Rotundifolia*
peuplent toutes ces régions : ils sont partout;
ils sont de tous côtés, à l'ouest comme à l'est,
au sud comme au nord. Leur règne est sans
conteste, leur triomphe est complet. Dieu a
daigné faire un nouveau miracle. Comme pour
saint François, dont la main fit éclore des
roses dans le désert de Sublac à la place des
ronces et des épines de saint Benoît, Dieu a
daigné permettre que quelques hommes puissent à eux seuls reconstituer nos vignobles
détruits, faire revivre la vie où la mort triom-
phait !

La victoire des vignes exotiques est générale;

partout où l'aphis régnait, les cépages du Nouveau-Monde s'étalent avec une vigueur jusqu'alors inconnue ! Le vieux monde est de nouveau couvert de vignes vigoureuses et fécondes. Les hécatombes des morts n'affligent plus nos regards heureux ; *Muscadines* et *Euvites* étalent de toute part leurs bourgeons verdoyants même sur les racines de celles qui ne sont plus. Quelle végétation, quels raisins, quel avenir de richesse publique ! La joie et la gaieté seront enfin revenues sur la terre. Il y aura encore des chansons dans les vignes !

On doit comprendre par là notre amour pour de tels cépages, et nos efforts surhumains pour défricher la terre ingrate de l'indifférence, afin de décider à la culture des nouveaux cépages ; pour distribuer, de notre mieux, la foi qui nous anime; rien ne paraît nous coûter, et nous voulons, à toute force, jeter aux incrédules et aux indifférents un écho sonore de la grande voix de la vérité.

On s'expliquera dès lors notre tristesse en voyant les décrets de proscription de certains de nos administrateurs, qui s'imaginent commander au fléau, comme à leurs subordonnés ; ils mettent l'interdit et jettent, sans réflexion, le discrédit sur notre seule ressource vinicole, comme si de malheureux sarments, pris dans nos vignobles et non enracinés, pouvaient nourrir le terrible suceur, actuellement hiverné sur les racines et les souches. Rejeter plus longtemps la seule ancre de salut du naufrage viticole où l'*Oïdium* et le *Phylloxera* nous ont conduits, est pourtant par trop coupable ! L'ignorance et le parti-pris n'auront-ils donc jamais fait leur temps ?

En attendant toutes les modifications que nous souhaitons, dans l'intérêt de la viticulture de notre pays, en attendant la substitution complète ou partielle des cépages américains aux vignes indigènes actuelles, notre devoir est de faire comprendre à tous qu'il y a là une mine de richesse à exploiter, qu'il serait fâcheux de méconnaître plus longtemps. Nous devons continuer de travailler pour ceux qui négligent de le faire; puissions-nous assez les éclairer pour qu'ils ne s'endorment plus dans une quiétude trompeuse et les voir secouer enfin leur coupable torpeur !

Si les Américains ont surnommé Hamon Perryman, le bienfaiteur de l'Union, pour avoir sauvé le *Warren* d'une destruction certaine, nous devons espérer que les habitants de la vieille Europe reconnaîtront, un jour, que les Laliman, les Fabre, les Bazille, les Bouschet de Bernard, les de Beaulieu, etc., ont bien mérité de l'humanité et qu'ils sont dignes d'avoir leurs noms inscrits, en lettres d'or, au panthéon de la viticulture.

ANNEXES

NOMENCLATURE

DES

PRINCIPAUX CÉPAGES DE L'UNIVERS

———

« L'utilité de collections (de vignes) dirigées par (des) hommes qui mettent de la
suite à les former d'abord, puis à (les)
étudier (nous) paraît incontestable, » disait
M. le comte Odard; il ne suffit pas « d'aller
étudier ces cépages sur les lieux de leur culture en grand, » il faut surtout « faire des
expériences spéciales » sur des cépages « plantés au milieu ou à côté des autres vignes du
pays; » avant d'introduire dans une région « à

température modérée, des types éprouvés dans les contrées méridionales, » il faut les essayer sur plusieurs points, sous peine de se préparer « bien des regrets, en s'apercevant, plusieurs années après, » qu'on s'est malheureusement fourvoyé et qu'on a donné ses soins, en pure perte, à des variétés peu précieuses.

Recommandant d'une façon toute spéciale des études sur les cépages « de la Perse, de l'Arménie, de la Syrie et de l'Euphrate, le pays des anciens Nabatéens, » s'il eût été plus jeune (M. le comte Odard) il eût « demandé à M. le Ministre une mission spéciale pour ces pays lointains, et s'il l'eût obtenue, (il) eût pris à tâche de retrouver dans l'Attique ce raisin *Nicostrate*, tellement supérieur, qu'un auteur ancien, Lyncée, dans son épître à Diagoras, disait : que le seul raisin digne de lui être comparé était l'*Hipponion* de Rodhes, tant pour l'excellence de son goût que pour la durée de sa conservation. (Il eût) aussi cherché les cépages qui produisaient ce délicieux vin de *Chalybon* (damas ou halep) dont s'enivrait le roi des rois. Enfin (il n'eût) eu garde d'oublier la vigne *thériaque*, au sujet de laquelle l'auteur de *Géoponiques* s'exprimait ainsi, il y a plus de mille ans : « C'était sans contredit » la plus précieuse de toutes les espèces de » vigne, tant pour son abondante production » que pour la qualité de son vin, aussi agréa- » ble que salutaire. » Ne serait-il pas curieux aussi de connaître les plants de vigne dont le vin passait pour avoir une *vertu particulière* tel que le *Cocolubès*, de trouver enfin les *Biturica*, les *Aminées*, les *Eugéniens* et particulièrement « ceux qui formaient la source des vins d'une haute célébrité, tel, par exemple, que celui qu'ils nommaient *Saprias*, (vin rouge de Pramnium dans l'île d'Icare)?

Ne serait-il pas, en effet, du plus grand intérêt de retrouver les sortes de vignes qui produisaient ce vin qui répandait, au débouché de la bouteille, une odeur délicieuse de violette, de rose et de jacinthe, et qui était le vrai nectar des dieux, selon Bacchus lui-même, au rapport du moins d'Hermippus, de Smyrne, son interprète, ainsi que cela nous a été transmis par l'auteur greco-égyptien Athénée. »

Nous allons donner avec quelques indications caractéristiques, d'après M. le comte Odard et nos propres renseignements, les noms des cent cépages que les deux Instituts viticoles pourraient cultiver. Les hommes spéciaux tels que MM. Pulliat, Planchon et autres, suivant l'idée de M. le Ministre de l'Agriculture, devraient être consultés pour ces choix importants, afin de récuser et remplacer par de meilleures toutes les variétés qui leur paraîtraient inférieures.

Alcantino. — Un des cépages les plus estimés de l'Italie pour sa fertilité et ses qualités nombreuses : grappes longues et serrées à grains *noirs* inégaux, ronds ou légèrement déprimés (Toscane)[1].

Anguur Ali-Dereey. — Raisin superbe et fort bon, dont les grappes atteignent jusqu'à 50 centimètres de longueur et ont des grains *noirs* d'une grosseur proportionnée (Perse et Arménie).

Anguur Asji. — Variété peu productive, susceptible de donner un excellent vin *rouge* (Perse et Arménie).

Anguur Rich-Baba. — Gros raisin *blanc* sans pepins ; grains très gros, mais étranglés, à goût fort agréable et jus très sucré. (Perse et Arménie).

Aramon. — Cépage grossier, et extraordinairement fertile ; « si la qualité pouvait s'allier à l'abondance, l'*Aramon* serait impayable (Comte Odard). » Ses feuilles sont nues, d'un vert jaunâtre ; ses grappes cylindriques, fort longues ; ses grains *noirs*, ronds et écartés les uns des autres (Hérault).

Augwich[2]. — (Missouri).

Balsamea. — Variété à feuilles moyennes, vert tendre en dessus et cotonneuses en dessous ; grappes irrégulières ; grains *noirs*, ronds, gros et clairs. Jus coloré ou fort rouge. (Piémont et duché de Gênes).

Balzac. — (*Mourvède, Espar, Mataro, Tinto*). Cépage d'une végétation tardive et d'une assez grande fécondité, grappes grosses à grains *noirs*, ronds et serrés ; jus peu coloré ; vin assez estimé (Charentes, Provence, Gard, Pyrénées, Malaga).

Barbara d'Asti. — Variété vigoureuse à feuilles d'un vert intense en dessus et cotonneuses en dessous ; grappes longues à grains *noirs* peu serrés et oblongs ; pulpe juteuse, âpre et piquante, fournissant beaucoup de vin aussi bon qu'alcoolique.

Barbarossa. — Cépage fort estimé en Italie. Feuilles amples et cotonneuses en dessous ; grappes de grosseur moyenne à grains *gris* ou *violets*, légèrement oblongs, donnant un vin de bonne qualité (Piémont).

Barbara fina. — Vigne féconde de l'Italie septentrionale, à

---

[1] Voir, pour plus de détails, l'*Ampélographie universelle*, de M. le comte Odard, et le *Catalogue illustré*, de M. Bush.

[2] Les cépages américains, ayant été décrits précédemment, sont seulement inscrits dans l'ordre alphabétique suivi pour les autres variétés.

feuilles petites et épaisses, à grappes longues et souvent ailées, à grains *noirs*, peu serrés et légèrement oblongs (Piémont et duché de Gênes).

Bastardo. — Raisin d'un *rouge bleuâtre* ou *violet clair*, grappes fort belles et bien fournies, à beaux grains juteux et sucrés (Portugal).

Berzomina. — Cépage vigoureux à larges feuilles ; grappes belles, régulières et de forme allongée ; grains *noirs*, petits et serrés (province de Naples).

Bonarda. — Variétés à feuilles entières et légèrement cotonneuses en dessous; grappes longues et belles ; grains *noirs*, serrés, ronds ou légèrement déprimés (Lombardie).

Carbenet. — Cépage à feuilles minces, sans ampleur et fort peu cotonneuses en dessous ; grappes longues et peu fournies ; grains *noirs* de grosseur moyenne, ronds et peu serrés ; vin fin, plein de bouquet et d'une longue conservation (Gironde).

Carbenet-Sauvignon. — Variété à feuilles minces et luisantes ; grappes longues et cylindriques à grains assez petits, donnant un vin exquis (Gironde).

Catawba. — (Missouri).

Chadym-Barmak. — Raisin *blanc* à grains de forme allongée et légèrement recourbée ; cépage vigoureux plus ou moins fertile, et fort estimé au Maroc (côtes africaines).

Clinton. — (Etats-Unis).

Concord. — (Etats-Unis).

Cot (Quercy). — Cépage vigoureux, à grappes longues, ailées et d'une bonne grosseur ; grains *très noirs*, fort beaux, ronds et peu serrés, à goût sucré et légèrement parfumé (Touraine et Charentes).

Cunningham. — (Etats-Unis).

Cynthiana. — (Etats-Unis).

Delawarre. — (Missouri).

Dolceto nero. — Cépage *noir* du Montferrat et d'Acqui à grappes pyramidales et grains ovoïdes, produisant un vin léger, agréable et fort peu coloré.

Épinettes (Morillon). — Raisins *noirs* ou *blancs dorés*, à grappes longues et grains ordinaires (Champagne et Bourgogne).

Eumelan. — (Etats-Unis).

Féher-Goher. — Variété hâtive et pleine de qualités ; grappes longues, ailées et clairsemées de beaux grains *blancs*, olivoïdes (Hongrie).

Fer (Scarcit). — Cépage très vigoureux, à feuilles vert pâle, couvertes d'un léger duvet blanc ; « grappes ailées, à queue courte, et bien garnies de grains petits, *très noirs*, ronds, inégaux et très serrés (Comte Odard) ; » donnant un vin léger, agréable et d'une couleur brillante (Garonne).

Flower's. — (Géorgie et Caroline).

Folle blanche. — Cépage producteur des meilleures eaux-de-vie du monde entier ; grappes très serrées, de forme peu régulière, à grains *blancs* ronds et de moyenne grosseur (Charentes).

Folle noire (Dégouttant). — Variété à feuilles cotonneuses en dessous ; grappes longues à grains *noirs*, ronds et de grosseur moyenne (Charentes).

Fromenté (Savagnin). — Vignes à feuilles d'un vert glauque, rondes, petites et cotonneuses ; grappes moyennes à grains *blancs* et oblongs (Doubs).

Früch-Portugieser. — Cépage à bois gros et noués très longs, grappes coniques, souvent ailées, à grains moyens d'un *noir bleu*, ronds et serrés ; jus sucré, quoique légèrement acidulé, faisant un vin fort recherché (Autriche et Portugal).

Furmint. — Vigne à sarments gros et à nœuds rapprochés ; feuilles entières, quelquefois trilobées, d'un vert foncé en dessus et très cotonneuses en dessous ; grappes longues à grains *blancs* inégaux, peu serrés et médiocrement sucrés (Hongrie).

Haenapop. — Cépage fort précieux, originaire de Perse, réunissant « à la bonne qualité du vin dont il est la source, l'avantage d'un produit abondant (comte Odard) ; » belles grappes à grains *noirs* (Perse, Cap de Bonne-Espérance).

Hartford-Prolific. — (Missouri).

Hermann. — (Etats-Unis).

Iri-Kara. — Vigne syrienne à grosses grappes et à grains *noirs* assortis, servant pour la table et le pressoir ; c'est le gros noir de l'Asie Mineure (Orient-Syrie et îles Ioniennes).

Ives-Seedling. — (Missouri).

Jacquez-Laliman. — (Gironde).

Kadarkas. — Variété à feuilles entières d'un vert foncé et cotonneuses en dessous; plant d'une croissance rapide et d'une fécondité naturelle, à grappes longues et fort grosses, grains *noirs* d'une grosseur moyenne, servant à faire le vin de Menès (Hongrie).

Kakour. — « Par son antiquité dans la Tauride et par sa supériorité comme raisin de table et même de pressoir, le *Kakour* est l'honneur des vignobles de cette contrée (comte Odard). » C'est le raisin par excellence à beaux grains *blancs* d'un jaune d'ambre, produisant le vin de *Soudac* (Tauride et Crimée méridionale).

Kechmish Ali. — Vigne à grappes allongées, garnies de beaux grains *noirs* ronds, peu serrés et des plus juteux (Perse et Arménie).

Kechmish blanc. — Variété vigoureuse, produisant de très beaux raisins à goût très fin et agréablement relevé (Perse et Arménie).

Kechmish noir. — Excellente espèce à petits grains sans pepins, servant à faire les meilleurs vins d'Ispahan (Perse et Arménie).

Kirmisi-mish-Isyum (Albourlah). — Variété orientale à belles et nombreuses grappes ; grains d'un *beau rouge*, oblongs, charnus et pleins de suc (Orient, Tauride et Crimée).

Lenoir. — (Etats-Unis).

Limdi-Khanah. — Raisin à feuilles « planes, lisses sur les deux faces et profondément découpées avec des lobes très aigus (comte Odard); » grappes fort belles à grains ronds d'une couleur *rouge clair* (Afghanistan).

Liverdun. — Vigne à feuilles « régulières, planes, d'un vert foncé en dessous. La grappe est un peu ailée ou conique, bien garnie de grains légèrement oblongs (comte Odard). » Vin *rouge* peu corsé et peu alcoolique (Meurthe-et-Moselle).

Louisiana. — (Etats-Unis).

Maccabeo. — Cépage à feuilles amples et cotonneuses, plutôt blanches que vertes et souvent boursouflées ; grappes longues et non ailées, à grains irrégulièrement oblongs, d'un *blanc jaune*, donnant un vin délicieux, à goût suave et aromatique (Espagne et Pyrénées-Orientales).

Malvasia blanca. — Vigne à grappes longues et garnies de grains *blancs* oblongs, peu serrés et de moyenne grosseur; vin délicat et spiritueux (Piémont et Alpes-Maritimes).

Malvoisie verte (Lageos aux petits grains de Virgile). —

Feuilles d'un vert foncé ; grappes petites et nombreuses ; grains *verts*, petits et fort juteux ; vin clair, limpide et incolore (Dalmatie et Pyrénées).

Martha. — (Etats-Unis).

Maxatawney. — (Etats-Unis).

Meslier. — Variété fort connue, donnant un vin *incolore* et assez bon généralement (Côte-d'Or).

Moscatelle-Livatiche. — Cépage *noir*, donnant les meilleurs vins de liqueurs de la Toscane et de l'antiquité. Grappes longues à grains inégaux et ronds, tantôt serrés et tantôt clair-semés (Italie centrale).

Mustang. — (Texas).

Nieddera. — Vigne de Sicile et de Sardaigne à raisins abondants ; grains gros et *noirs*, servant à faire le vin de Ripposto (Sardaigne).

Noir de Gimrah. — Variété produisant au Caucase des vins un peu âpres ; grappes d'une grosseur moyenne à grains *noirs* fort peu serrés (Caucase).

Norton's virginia. — (Etats-Unis).

Oberlander-Olwer. — Vigne à feuilles cotonneuses en dessous et à grappes grosses et ailées, formées de grains ronds d'un *blanc* jaunâtre (Allemagne et Bas-Rhin).

Pedro-Ximénès. — Cépage vigoureux à grappes longues et ailées ; grains blancs oblongs, assez serrés, produisant le vin de Pedro-Ximen. Les feuilles du *Pedro-Ximénès* sont d'un vert jaunâtre et nullement cotonneuses (Andalousie).

Picapulla. — Vigne féconde à grappes nombreuses ; grains *noirs*, oblongs et serrés (Espagne et Pyrénées).

Piccolito bianco. — Un des plus anciens cépages de l'Italie, produisant jadis, dit-on, le vin de Pucioum, si estimé de l'impératrice Livie, et aujourd'hui des vins excellents. Grappes petites, irrégulières et peu nombreuses, à petits grains oblongs de couleur *jaune* ambré (Frioul).

Piepouille noire (petite). — Cépage rustique à petites grappes et petits grains *noirs* oblongs (Dordogne).

Piepouille rose. — Variété à feuilles cotonneuses en dessous ; grappes belles et ailées à grains *gris ou roses*, serrés et oblongs (Haute-Garonne et Pyrénées).

Pinot (Plant de Salès). — Variété à grappes longues et ailées ; grains *blancs* d'un jaune doré, oblongs et serrés (Provence).

Post-Oack. — (Texas).

Refosco. — Cépage vigoureux, cultivé en Istrie ; grappes fort belles d'un *rouge violet* et à grains très clairs (Istrie).

Richmond. — (Géorgie et Caroline).

Riesling. — Variété à feuilles irrégulières et d'un vert foncé ; grappes petites et serrées, grains *noirs* ronds. Le *Gros Riesling* ou *Hart Hengst* est préférable ; grappes volumineuses à grains gros et serrés ; jus très sucré (bords du Rhin).

Roth-Traminer. — Cépage résistant un peu au Phylloxera et cultivé en Allemagne. Grappes longues à grains *noirs* oblongs ; jus âpre ou musqué (Palatinat et Alsace).

Roth-Szislfandl. — Raisin d'une couleur *rouge clair* ; grappes moyennes à grains ronds ; jus très doux (Autriche).

San-Antoni. — Vigne à feuilles minces et découpées ; grappes assez belles, à grains *noirs* ellipsoïdes (Catalogne et Pyrénées).

Sauvignon. — Variété vigoureuse à grappes de moyenne grosseur, à grains *blancs* jaunes, serrés et oblongs (Gironde et Charentes).

Schiradzouly. — Cépage cultivé en Perse et à Tiflis, produisant de fort belles grappes à grains *blancs*, fort allongés, aussi bons pour la table que pour le pressoir (Perse et Crimée).

Sclavo. — Raisin *blanc* à grains ronds, vineux et transparents, venant de la Sclavonie et produisant un vin très subtil, clair, puissant et gardable, selon Petrus de Crescentüs (Sclavonie et Italie centrale).

Scuppernong. — (Géorgie et Caroline).

Semillon (Colombar). — Vigne à grappes grosses, ailées et bien garnies de grains *blancs* d'un jaune pâle, assez gros, ronds et peu serrés (Gironde et Charentes).

Sirrah. — Variété à grandes feuilles cotonneuses en dessous, grappes cylindriques assez bien garnies de grains *noirs* réguliers, oblongs et peu serrés (Drôme).

Tachly-Myskett. — Muscat à larges feuilles dentées, des plus cotonneuses en dessous et à nervures saillantes. Grappes fortes à grains *blancs* oblongs et fort doux, aussi recherchés pour la table que pour le pressoir (Tauride).

Taylor. — (Etats-Unis).

Tender-Pulp. — (Géorgie et Caroline).

Ter-Gulmeck. — Le meilleur raisin de la Tauride pour faire les vins *blancs* est incontestablement le *Ter-Gulmeck*. Feuilles fort belles et très cotonneuses en dessous ; grappes de grosseur moyenne ; grains oblongs et serrés ; jus doux et vineux (Hongrie et Tauride).

Thomas. — (Géorgie et Caroline).

Tinta-da-Minha. — Cépage produisant un excellent vin *rouge* fort estimé des Portugais (Portugal).

Torok-Goher. — Variété vigoureuse à larges feuilles arrondies et dentées ; grappes coniques, lâches et souvent ailées ; grains *noirs*, gros et ronds, à chair succulente et fine, produisant les meilleurs vins de Hongrie, notamment le Gyon-Gyos (Hongrie).

Trebbiana-bianco. — Une des variétés les plus anciennes de l'Italie, désignée par Pline sous le nom de *Trebulanus*. Feuilles trilobées et cotonneuses ; grappes assez belles, à grains *blancs* ronds et peu serrés, produisant largement un vin renommé (Toscane-Piémont).

Tressot. — Cépage à feuilles découpées, cotonneuses en dessous et vert pâle en dessus ; grappes abondantes, longues et petites, à grains *noirs* clair-semés et assez ronds (Yonne).

Touriga. — Variété vigoureuse et médiocrement productive ; grappes moyennes et peu garnies de grains *noirs* oblongs ; jus coloré et très vineux (Portugal).

Turfanto-Mavro — Vigne à feuilles cotonneuses en dessous et d'un vert foncé en dessus ; grappes fortes et ailées, à grains *noirs*. Raisins très estimés à Smyrne, où ils font d'excellents vins (Anatolie, Syrie, Arménie, Diarbekir,.

Vaiano. — Cépage à feuilles divisées et cotonneuses en dessous ; grappes moyennes, non ailées et assez longues ; grains *noirs* petits, ronds et peu serrés.

Verdelho. — Vigne à feuilles de grandeur moyenne et fort peu découpées, d'un vert foncé en dessus et non cotonneuses en dessous ; grappes moyennes, allongées ; grains *blancs* de médiocre grosseur ; jus fin et vineux (Livonie, Crimée et Madère).

York-Madeira. — (États-Unis).

Zibib. — Variété fort vigoureuse et très appréciée des Arabes, qui ne boivent pas de vin. Grappes magnifiques à gros grains d'un *rouge* violet peu foncé et d'une saveur agréable (Maroc, littoral de la Méditérannée et Italie).

Warren. — Etats-Unis).

Welteliner. — Raisin *rouge* clair ; grappes souvent ailées à grains ronds et parfumés (coteaux du Rhin).

Wilder[1]. — (Etats-Unis).

---

[1] Pas une variété des vignes de la Californie ne figure dans ce tableau; il serait utile néanmoins de faire des essais sur le *Black-Cluster*, le *Black-Makeo*, le *Mission grappe*, le *White-Malaga*, le *White-Moscatello*, etc., cépages pour la plupart de provenance européenne ; on devrait aussi étudier avec soin le *Golden-Clinton*, le *Marion*, la *Souys*, la *Touratte*, le *Riesen-Blat*, un *Æstivalis* dont nous n'avons pas encore parlé, à raisins noirs faisant un vin de qualité ; le véritable *Ohio* des Etats-Unis pour le comparer au *Jacquez-Laliman*, portant le même nom, comme synonyme ; le *Yeddo*, du Japon, le *Laperavi*, le *Dodrelabi*, et le *Melcori*, du Caucase, l'*Anguur Hallaggueh*, et l'*Anguur Atabeky*, des environs d'Ispahan, etc.

LES VIGNES DU TYPE BULLACE

Par M. DE BEAULIEU

A Augusta (Géorgie) États-Unis[1]

Il existe, aux Etats-Unis d'Amérique, un groupe
de vignes qui sont peu ou point connues à l'étranger, et dont l'introduction, dans les circonstances
présentes, serait, pour le Midi de l'Europe, la re-
naissance de la viticulture.

Les botanistes lui ont donné le nom de *Vitis
Vulpina* ou *Rotundifolia;* c'est à peu près tout ce
que l'on connaît de son histoire à l'étranger.

Ce groupe se distingue de toutes les vignes connues par des différences bien accentuées, et dont
la plus importante, sans doute, est une vigueur
primitive qui défie toute atteinte de parasites ou de
maladie. Les autres caractères sont : une fécondité
extraordinaire favorisée par une floraison tardive
(de Mai à Juin), un développement considérable.
Il n'est pas rare de rencontrer, dans les terrains

---

[1] La Société Centrale d'Agriculture de l'Hérault a fait tirer ce rapport
à 300 exemplaires, lors du voyage de M. de Beaulieu.

d'alluvion surtout, des souches de 20 centimètres de diamètre, envahissant la couronne des plus grands arbres de la forêt. Les sarments sont très nombreux, longs et grêles. Le fruit est généralement gros, très gros parfois (mesurant jusqu'à 35 ^{mil} de diamètre), porté sur des brindilles de l'année précédente, qui continuent à fructifier pendant plusieurs saisons. Les grappes sont petites, le nombre de baies en est limité : vingt-trois à vingt-cinq étant le maximum ; mais, comme les grappes sont excessivement nombreuses, il y a ample compensation.

Cette vigne est polygamo-dioïque et ne se reproduit pas par boutures. Les semis ne donnent guère de bons résultats, attendu que le plus grand nombre est composé de sujets mâles, stériles par conséquent. C'est par marcottes qu'on la propage.

Un caractère bien saillant encore, c'est qu'elle ne supporte pas la taille comme les autres vignes : elle coule jusqu'à épuisement.

Du reste, sa vigueur est telle que la taille n'est aucunement nécessaire ; elle charge énormément et chaque année, sans jamais s'épuiser. Tout le type *Vulpina* réussit mieux sans être taillé ;

Le résultat de chaque taille étant une recrudescence de vigueur qui se porte à former des sarments au détriment de la mise à fruit.

Ainsi, contrairement à ce qui a lieu pour les autres types, plus on taille, moins on peut espérer de fruit.

Toutes les variétés de ce type conservent leur feuillage intact jusqu'aux fortes gelées, tandis que les variétés des types *Labrusca* et *Æstivalis* se dépouillent dès le milieu d'Août, et les vignes sont souvent dénudées au 1ᵉʳ Septembre.

Si ce groupe de vignes est resté ignoré jusqu'ici, c'est que les habitants de la région où il croit n'ont commencé à l'apprécier que depuis peu d'années.

La culture du tabac, du sucre et du coton étant immédiatement rémunératrice, toutes les autres ont été délaissées jusqu'à ce que la guerre civile (de 1861 à 1865) eût forcé les habitants à développer des ressources nécessitant moins de main-d'œuvre.

La viticulture est donc de date récente dans ces parages; ses premiers tâtonnements n'ont pas été heureux. Pendant longtemps, on a cru que la vigne d'Europe *(Vitis Vinifera)* pouvait seule faire du vin. On a dépensé des millions en achats de ceps provenant des meilleures vignes de France et d'autres contrées, accompagnés de vignerons habiles. Peu d'années ont suffi pour démontrer que ce genre ne peut pas prospérer en Amérique.

Alors seulement on s'est prévalu de quelques variétés de vignes indigènes, choisies avec discernement parmi les types indigènes *(Labrusca, Æstivalis)*. On a réussi sur une vaste échelle, mais ce n'est pas une réussite générale. Dans les contrées méridionales les vignes n'ont pas eu de durée, et en moins de dix années, la plupart des vignobles étaient abandonnés.

Les *Vulpina* cependant étaient connus depuis la découverte de l'Amérique ; mais, à l'exception de quelques treilles d'amateurs, on n'en avait tiré aucun parti. Ce n'est que depuis la défection des *Catawba*, *Isabella* et autres cépages célèbres, que l'on s'est souvenu d'un trésor méconnu, délaissé, parce qu'il avait le tort d'être indigène.

Aujourd'hui, il est apprécié à sa juste valeur, et les pépinières ne peuvent suffire à la demande toujours croissante.

Après avoir esquissé les traits distinctifs du groupe intéressant qui nous occupe, faisons quelques recherches sur son histoire, son utilité et le traitement qui lui convient.

Son habitat est la région qui s'étend entre le Mississipi et l'Océan Atlantique, limitée au Nord par le 37ᵉ degré de latitude.

Le climat de cette région, nonobstant la latitude qui correspond avec celle de l'Algérie, a la plus grande similitude avec celui du Midi de l'Europe. C'est, en effet, une zone tempérée, nullement tropicale. De Décembre à Février, il y a souvent de la glace, rarement de la neige ; le thermomètre descend parfois à 10 degrés sous zéro (centigr.). Les gelées blanches sont à craindre jusqu'à la fin d'Avril. Cette année, (1873), le 24 Avril, une forte gelée blanche a détruit les bourgeons de nos vignes *Labrusca* et *Æstivalis* ; les *Vulpina* seuls n'ont pas été affectés ; ils ont donné leur ample contingent annuel.

La plupart des plantes de cette région, surtout celles qui peuvent servir à l'ornementation des parcs et des jardins, ont été introduites dans les contrées méridionales de l'Europe, où elles sont aussi rustiques, aussi luxuriantes de végétation que dans leur sol natal. Il n'est donc pas présumable que les *Vulpina*, doués d'une si puissante vitalité, fassent exception. Nous sommes, au contraire, convaincu qu'ils s'adapteront parfaitement aux circonstances climatériques du Midi de l'Europe, et que le fruit s'y dépouillera de cette fermeté de peau, de cette consistance de pulpe qu'il doit, sans contredit, aux grands écarts de température qu'il subit en Amérique.

Le type des *Vulpina*, que les habitants appellent *Muscadine* ou *Bullace*, se trouve répandu avec profusion le long de tous les cours d'eau et même sur les hauteurs, surtout dans les sols légers.

Il se distingue toujours par une grande vigueur, un grand développement et une fécondité remarquable. Ces vigoureuses dispositions sont équilibrées par un double système de racines. Les unes s'étendent horizontalement à peu de profondeur et se ramifient à l'infini dans la couche végétale. Les autres, plus épaisses, plus charnues, vont puiser à de grandes profondeurs les sucs salins et l'humidité, les tiennent en réserve, afin de pouvoir résister aux sécheresses les plus prolongées.

Le fruit (du type) est noir, gros, quelquefois
ovale, disposé par groupes de deux à six baies, à
peau ferme et épaisse, renfermant une pulpe gom-
meuse et un jus vineux, d'un goût de cassis qui
finit par plaire, quoique étrange au premier abord.
On en fait un bon vin. Il y a plusieurs sous-variétés
de Muscadine, dont la maturité est échelonnée
d'Août à Octobre, et qui se différencient par plus
ou moins d'astringence, de sucre, plus ou moins de
fermeté de pulpe.

La variété la plus remarquable a été trouvée, il
y a plus de deux siècles, par les premiers colons,
dans la Caroline du Nord, non loin du littoral et
principalement sur les bords de la rivière Scuppernong (nom indien) et dans l'île de Roanohe.

Plusieurs de ces vignes primitives existent encore aujourd'hui et donnent leur récolte abondante.
Cette variété a pris le nom de la rivière où elle a
été trouvée. Elle se distingue du type par son fruit
blanc; elle en possède les principaux caractères.
Sa croissance est plus compacte, aussi vigoureuse
et rapide, parfaitement exempte de tous parasites,
de toute maladie; c'est probablement aussi la plus
productive de tout le groupe. Le fruit, à sa maturité, varie de teinte entre chasselas doré et bronze
jaunâtre avec pointillé et taches fauves. Il est gros,
souvent très gros (30 à 35 millimètres), rond, par
grappes de trois à vingt grains, couvrant littérale-
ment la vigne. Le jus en est incolore, vineux, très
doux à la pleine maturité et d'un excellent arôme.

La peau est ferme; la pulpe plus fondante que dans le type n'a pas le goût de cassis.

La maturité commence vers le 20 Août et se prolonge jusqu'à la fin de Septembre. Le fruit alors se détache facilement. On le récolte souvent en secouant la vigne; les grains tombent sur une toile et ne sont nullement endommagés par le transport.

Le Scuppernong donne un vin blanc supérieur. Avec addition de sucre ou d'alcool, il fait la concurrence aux vins d'Espagne, préférés par les Anglais et les Américains.

Les mousseux, qu'il produit naturellement, sont déjà très recherchés par les gourmets du pays.

Le Scuppernong est la seule variété blanche qui ait été trouvée; on en a rencontré d'analogues sur quelques points de la Géorgie, vers le littoral. On cite aussi quelques variétés blanches obtenues du semis; mais jusqu'ici le Scuppernong n'a point de rival.

Le deuxième, par rang d'excellence, dans le groupe des *Vulpina*, est le *Flower's*, provenant également de la Caroline du Nord, mais trouvé plus récemment. Cette variété, malgré son mérite, ne s'est pas disséminée autant que le Scuppernong. Il y a peu de différence dans la manière d'être de ces deux variétés. Le Flower's est moins compacte; les sarments sont plus droits, plus longs, ils émettent des filaments se dirigeant vers le sol, pour s'y enraciner. Le fruit est pourpre noir, gros, ovale et disposé par grappes compactes de trois à vingt-quatre grains. Il est ferme, légèrement croquant, très doux. Il a moins d'arome que le Scuppernong; les grains tiennent fortement à la grappe, ce qui permet de les laisser mûrir jusqu'aux premières gelées; la pulpe devient alors plus fondante et l'arome se développe. La maturité commence en Septembre. Ce raisin fait un beau vin rouge.

La troisième variété est le *Thomas*, trouvé, plus récemment encore, dans la Caroline du Sud, par M. Thomas.

C'est aussi un raisin noir; les grappes sont de moindre volume que celles du Flower's; les grains sont gros, ronds, légèrement déprimés. La maturité correspond à celle du Scuppernong. Le jus est un peu plus sucré; il fait un vin rouge foncé, d'un bouquet relevé.

Le quatrième est le *Tender-Pulp*. C'est probablement un semis du Flower's, trouvé dans le vignoble de M. High, de la Caroline du Nord. C'est encore un raisin noir qui se distingue par une pulpe fondante et un arôme délicat. Cette vigne a été peu propagée.

M. Van-Buren, de la Géorgie, a obtenu quelques semis du Scuppernong qui ont du mérite. L'un de ceux-ci mûrit son fruit un mois plutôt que le Scuppernong et pourra s'adapter à des latitudes plus septentrionales.

M. Froelich, de la Caroline du Nord, cultive le Scuppernong sur une très grande échelle; il en possède dix variétés, dont une blanche, obtenue de semis.

Enfin, le docteur Wylie, de la Caroline du Sud, a obtenu des résultats remarquables de l'hybridation du Scuppernong avec les vignes d'Europe ; mais les plants n'en sont pas encore livrés au commerce.

Quant au produit de la vigne, on peut s'en former une idée en consultant les données fournies au département de l'Agriculture à Washington, et publiées, sous les auspices du Gouvernement, dans le rapport annuel de ce département, pour l'année 1871. M. Froelich a quarante années d'expérience en viticulture, tant en Europe qu'en Amérique. Il dit : « Le Scuppernong donne la récolte la plus » assurée que je connaisse en aucun pays. En » France, en Italie, en Hongrie, aux bords du Rhin, » la vigne manque deux saisons sur cinq. Je trouve » les mêmes résultats au Nord et au Nord-Ouest » des États-Unis. En vérité, nous n'avons, dans ce » pays-ci, aucune vigne, à l'exception du Scupper-» nong, qui ne soit sujette aux coups de gelée, à » une maturité imparfaite ou à diverses maladies. » Le Scuppernong seul échappe aux effets des ge-» lées tardives, et nous pouvons compter avec cer-» titude, chaque année, sur une récolte normale » en quantité comme en qualité. Le travail et les » frais de culture ne sont que d'un cinquième de » ce que les autres vignes requièrent. La produc-» tion moyenne d'une vigne de trois ans est de 16

20

» litres de grains égrappés. A cinq ans, elle pro-
» duit de 60 à 75 litres. A dix ans, 8 hectolitres. Un
» hectare de vigne en plein rapport produit de 200
» à 250 hectolitres de vin. »

M. Van-Buren, l'un des plus anciens pionniers de
la pomologie en Géorgie, dit :

« Un terrain planté de 110 ceps de Scuppernong
» de six ans, produira 43 hectolitres de jus, à raison
» de 37 litres de jus par hectolitre de fruit
» (égrappé). A dix ans, le produit sera de 148 à 200
» hectolitres. Au-delà de dix ans d'âge, le produit
» du Scuppernong dépasse toute prévision. »

Citons encore quelques extraits du même rapport, résumant des données fournies par diverses
localités.

De la Caroline du Nord (c'est là que la culture
du Scuppernong a pris le plus d'extension), on
rapporte que : « c'est la seule vigne dont le produit
» soit en si forte proportion, et la seule qui, pendant
» deux siècles, n'ait donné aucun signe de dépéris-
» sement. Une seule vigne (isolée), dans le comté
» de Nash, couvrant deux tiers d'hectare, a produit,
» la saison dernière, 48 barils de vin (66 hectolitres),
» nonobstant le délabrement de ses supports et
» l'absence de tous soins. »

En Floride, les viticulteurs ont recours au Scuppernong « qui est la vigne préférée du Sud. »

En Alabama, les trois quarts des vignes cultivées
sont des Scuppernong. On évalue qu'à dix ans la
vigne produit de 4 à 6 hectolitres de fruit chacune.

Dans le Mississipi, un planteur possède 4 hectares plantés en Scuppernong. De vingt de ses vignes, il a obtenu, en 1870, huit barils de vin.

Un autre planteur rapporte que, chez lui, le Catawba et l'Isabelle pourrissent, mais le Scuppernong jamais.

Dans la Louisiane, la vigne est peu cultivée ; le Scuppernong y produit le meilleur vin.

Au Texas, M. W. Bowen cultive le Concord et le Hartford-Prolific ; il en vend le produit, à raison de 1 fr. 25 la livre, mais il perd les trois quarts de sa récolte par la pourriture.

M. John Summers a mille vignes environ sur 3 hectares, principalement en Scuppernong. Toutes ses vignes sont robustes et produisent largement. Les frais de culture sont peu considérables.

Enfin, en compulsant une volumineuse statistique officielle des produits du sol, on ne trouve pas une seule donnée qui soit défavorable au Scuppernong, tandis que les rapports défavorables sur d'autres variétés de raisin affluent, de toutes parts, en nombre considérable.

La nature du sol paraît ne pas exercer une bien grande influence sur les *Vulpina*, car on les rencontre partout et dans toutes les situations, exhibant une végétation luxuriante, jamais débile. Près des cours d'eau, dans les terrains d'alluvions riches en détritus végétaux, ils acquièrent des proportions colossales.

Les terres compactes, froides et humides, leur

conviennent peu. Le calcaire ne leur est nullement
indispensable. Ils ont une forte tendance à s'accro-
cher aux arbres qu'ils étreignent de leurs puissantes
vrilles ; ils en couvrent bientôt la cime ; deux ou
trois saisons leur suffisent pour atteindre des som-
mets de 30 mètres.

En raison de ce grand développement, il convient,
en plantant, d'espacer convenablement les pieds.
Les cultivateurs les plus expérimentés donnent un
espace variant de 6 à 10 mètres, selon la fertilité
du sol. En France, où le sol a plus de valeur qu'ici,
on devra doubler le nombre de plants, réduire
l'espace de moitié, à la condition d'arracher l'excé-
dant à mesure du développement. On obtiendra
par cette méthode un produit plus considérable, dès
les premières années. Espacés de trois mètres, il
ne faudrait planter que 375 ceps à l'hectare.

Il est indispensable de bien ameublir le sol en
plantant, et d'user d'un compost contenant du fumier consommé et du terreau végétal.

La vigne peut être transplantée dès la chute des
feuilles, jusqu'en Avril, en évitant la période des
plus fortes gelées. Bien qu'elle soit douée d'une
forte vitalité, ses racines ne supportent pas d'être
exposées au soleil ou aux grands vents. Il est donc
essentiel de les abriter pendant la plantation.

C'est par le *marcottage* que l'on multiplie cette
vigne. Les pieds-mères doivent donc être choisis
avec discernement, car il existe de nombreuses

sous-variétés, qui n'ont d'autre mérite que de se propager facilement.

Les supports doivent nécessairement être proportionnés au développement de la vigne.

Pour les trois premières années un fort échalas suffira. Ensuite on plante généralement quatre poteaux autour de chaque cep, espacés entre eux de 3 mètres et hauts de 2 mètres 50. On les relie au sommet par des traverses formant tonnelle, sur laquelle la vigne s'étale. On multiplie alors ces établis à mesure de l'accroissement de la vigne.

En France, où les bois sont rarement à la portée du vigneron, il sera sans doute plus économique d'adopter la méthode du Nord de l'Italie ; c'est-à-dire de planter, en même temps que la vigne, des arbres destinés à la supporter. L'érable de Montpellier *(Acer Monspessulanum,* L.) est probablement celui qui réunit les meilleures conditions.

On pourra relier ces supports entre eux par de forts fils de fer (rebutés du télégraphe), et au bout de peu d'années, les sarments se rejoindront et formeront un réseau compacte.

Nous le répétons, cette vigne (comme toutes les vignes américaines) s'attache de préférence aux arbres ; il est à remarquer qu'aussitôt qu'elle peut atteindre un arbre, elle semble redoubler de vigueur ; son feuillage prend une teinte plus foncée, résiste mieux aux premiers froids de l'Automne et tient longtemps après que le reste de la vigne est dépouillé. Ce fait est constant, et c'est la meilleure apologie de la méthode du Nord de l'Italie.

La taille des *Vulpina* doit s'écarter de toutes les règles établies pour les autres vignes. Pendant la morte saison, elle épuise la vigne si elle ne la fait périr. Elle n'est donc praticable que de Mai à Octobre, et encore doit-on se borner à enlever aux jeunes plants les bourgeons partant du pied ou mal placés ; chez les vignes en plein rapport, on supprime de vieux sarments épuisés ou encombrants.

L'entretien des supports est donc ce qu'il y a de plus dispendieux dans la culture.

Les labours sont utiles, nécessaires même, pendant les premières années. Mais, en cultivant, entre les ceps, des doliques ou autres plantes fourragères, fertilisantes et ombrageantes, le cultivateur obtiendra bonne compensation pour son travail.

Un homme peut suffire au travail que nécessitent 4 hectares de vignes, jusqu'à l'époque de la vendange.

Généralement, on secoue la vigne et l'on recueille le fruit sur des toiles. Cueillant à la main, on obtient un hectolitre et trois quarts de grains égrappés, par homme et par jour. M. Froelich place sous la vigne une forte toile ayant 3 mètres 50 de côté, tendue sur un cadre ; il y a, au milieu, un orifice par lequel le fruit s'écoule dans une caisse ou dans un baril défoncé. Par ce procédé, six hommes recueillent, par jour, 352 hectolitres de fruit.

Les transports n'occasionnent point de perte de jus, le fruit étant ferme.

Quant aux frais de culture et bénéfices, citons encore M. Froelich :

« Les frais de culture et d'entretien d'un hectare
» de Scuppernong s'élèvent à 160 fr. Pour cueillir
» et presser, 33 fr. 75 ; pour intérêt du capital,
» 56 fr. 25 (n'oublions pas que la terre ne vaut guère
» que 200 fr. l'hectare) ; pour futailles, 843 fr. 75 ;
» faisant un total de dépenses de 1,116 fr. Le produit
» étant de 171 hectolitres de vin évalué à 118 fr. 80
» l'hectolitre, revient à 20,314 fr. Déduisant les
» 1,116 fr. de frais, il reste un bénéfice net de
» 19,198 fr. par hectare. »

Ces chiffres ne doivent pas être considérés comme donnant une moyenne des dépenses et des bénéfices; ils sont évidemment le résultat d'une exploitation dirigée par une longue expérience et réunissant les meilleures conditions de succès.

Il nous suffira d'indiquer sommairement la manière de faire le vin dans la Caroline du Nord.

Deux rouleaux de bois dur, longs de 70 à 80 centimètres, sur 10 à 12 de diamètre, ayant pivots en fer, sont placés horizontalement, l'un à côté de l'autre, avec leurs bâtis ou cadre, sur une cuve ou sur un baril défoncé. Ces rouleaux sont entaillés de cannelures de 1 centimètre de largeur sur 5 millimètres de profondeur, et espacées entre elles de 12 millimètres. Un simple engrenage les fait tourner en sens inverse, l'un vers l'autre, de manière à entraîner le raisin et à en faire crever la peau ; ils sont espacés de 6 millimètres l'un de l'autre, afin d'éviter de concasser les pepins. L'un des pivôts porte une manivelle qu'un homme tourne sans effort.

Les rouleaux sont surmontés d'une trémie.

Le fruit doit être parfaitement mûr ; la vendange se fera donc en deux ou trois cueillettes.

La cuve qui reçoit le fruit, au sortir des cylindres, porte un faux-fond percé de trous.

Au bout de six heures on obtient, sans pression, pour chaque hectolitre de fruit, 24 à 25 litres de jus. Celui-ci produit la première tête de vin. Au pressoir, on obtient encore la même quantité de jus ; à celui-ci on ajoute une certaine proportion de sucre ou d'alcool, afin de lui donner le degré voulu par le consommateur américain : le minimum doit être de 80° au saccharimètre d'Œchsle.

Ce degré étant obtenu, le jus est mis dans des fûts dont la bonde porte un syphon ayant l'extrémité inférieure plongée dans l'eau.

On préfère les fûts de grandes dimensions et à douves épaisses. La fermentation dure trois semaines, au bout desquelles les futailles sont bouchées hermétiquement. Au milieu de l'Hiver le vin est soutiré. On le soutire encore en Avril et en Octobre, ayant toujours soin de tenir les futailles bien remplies. Les marcs sont convertis en eau-de-vie et vinaigre. Celui-ci conserve le bouquet bien caractérisé du Scuppernong.

En France, l'art de faire le vin est arrivé au niveau d'une science, autant par les recherches et les découvertes des savants que par l'expérience des siècles ; d'un raisin médiocre, il fait le breuvage que le commerce du monde entier se dispute. Du Scuppernong, il saura faire un vin digne de figurer avec les crûs les plus célèbres.

En face de la dévastation qui s'avance à grands pas, il doit être consolant pour le viticulteur, aujourd'hui désespéré, d'entrevoir la possibilité de réédifier sa culture à peu de frais et de renaître à une prospérité qui, cette fois, sera durable et défiera les intempéries, l'Oïdium et le Phylloxera.

ENQUÊTE

PUBLIÉE PAR

LA COMMISSION DÉPARTEMENTALE

Instituée par M. le Préfet de la Gironde

POUR L'ÉTUDE DU PHYLLOXERA

.M. le Préfet du département de la Gironde, à la date du 10 août 1872, a désigné pour faire partie de la Commission d'enquête les agronomes ci-après nommés, savoir :

MM.

F. Régis, Président de la Société d'Agriculture.

Dupont, chevalier de la Légion d'honneur, Secrétaire-général de la Société d'Agriculture.

Bonneval (comte de), propriétaire à la Tresne, membre de la Société d'Agriculture.

Chaigneau (docteur), maire de Floirac, membre de la Société d'Agriculture

Guigneau (docteur), Secrétaire général de la Société d'Horticulture, membre de la Société d'Agriculture.

Cazenave, propriétaire-viticulteur à La Réole, membre de la Société d'Agriculture.

Clauzel (Ulysse), membre du Conseil général, membre de la Société d'Agriculture.

DUCARPE Junior, président du Comice agricole de Saint-Émilion, membre de la Société d'Agriculture.

DEYNAUD, propriétaire à La Réole.

DURIEU DE MAISONNEUVE, chevalier de la Légion d'honneur, directeur du Jardin des Plantes à Bordeaux.

FOURNET aîné, chimiste, membre de la Société d'Agriculture.

FERBOS, chevalier de la Légion d'honneur, membre du Conseil général.

FROIDEFOND, maire de Ladaux, membre de la Société d'Agriculture.

GERVAIS, membre du Conseil général, membre de la Société d'Agriculture.

ISSARTIER (docteur), membre du Conseil général, membre de la Société d'Agriculture.

KERCADO (comte de), chevalier de la Légion d'honneur, Président de la Société Linnéenne.

LONGUERUE (de), chevalier de la Légion d'honneur, directeur des poudres et salpêtres.

LESPINASSE, membre de l'Académie.

LALIMAN, propriétaire à Floirac, membre de la Société d'Agriculture.

LIES BODARD, chevalier de la Légion d'honneur, Inspecteur d'Académie.

MUSSET (docteur), membre du Conseil général.

MELLER, propriétaire à Montferrand, membre de la Société d'Agriculture.

PETIT-LAFFITTE, professeur d'Agriculture, membre de la Société d'Agriculture.

PLUMEAU (docteur), propriétaire à Saint-Christoly, membre de la Société d'Agriculture.

SAUGEON, membre du Conseil général.

THERRY (docteur), membre du Conseil général.

TRIMOULET, membre de la Société Linnéenne, membre de la Société d'Agriculture

VIGNAL, propriétaire, maire de La Tresne, membre de la Société d'Agriculture.

Ce jury viticole, sous la présidence de M. F. Régis, a délégué, pour faire les études nécessaires :

MM. Ferdinand RÉGIS, *président ;*
DURIEU DE MAISONNEUVE ;
FROIDEFOND, *rapporteur ;*
Dr PLUMEAU ;
CAZENAVE.

Voici le rapport que M. Froidefond fit approuver
à la séance du 11 mars 1873 :

MESSIEURS,

Vous avez ouvert une enquête[1] sur l'origine du Phylloxera dans la
Gironde, et vous m'avez fait l'honneur de me charger d'un rapport sur
cette grande question qui divise les hommes qui s'occupent de l'étude
de cet insecte et des moyens de le détruire.

La tâche était difficile, et ce n'est qu'à force de recherches et d'observations que nous avons pu rassembler de nombreux matériaux pour
établir des preuves qui ne peuvent être ni réfutées ni mises en doute,
parce qu'elles sont toutes empreintes de la plus grande loyauté et de la
plus rigoureuse exactitude, et ce après nous être entendus avec notre honorable Président sur la marche à suivre dans cette enquête.

M. LALIMAN, l'un de nos collègues, et un de ceux qui ont importé
directement des cépages américains dans la Gironde, encouragé par le
degré d'immunité qu'offraient ces vignes aux attaques de l'oïdium alors si
meurtrier dans nos vignobles, interrogé, dépose : qu'en 1863, il a reçu
presque en même temps que M. Durieu de Maisonneuve, une certaine
quantité de cépages américains, *Isabelle* et *Catawba*, etc., d'envoi de
M. Durand, de Philadelphie, et de M. Berkmanns, de la Géorgie ;

Qu'il en planta dans le vignoble appartenant aujourd'hui à Mme veuve
BAROUSSE, et à M. RABA (palus de Floirac) ;

Que ces plants, là où ils sont placés, c'est à dire chez M. RABA et
Mme veuve BAROUSSE, y vivent bien et y produisent ; il ajoute que nuls
cépages indigènes qui les entourent ne souffrent de rien, si on doit en
juger par l'apparence ;

Que, vers l'année 1865 ou 1866, il envoya de ces mêmes cépages à
M. D'ANTIN, maire de Saint-Médard-d'Eyrans (Gironde).

Ce propriétaire a remis au déposant une déclaration justifiant que ces
plants de vignes sont vigoureux, bien constitués et sans altération.

---

[1] Les retards apportés à la publication de cette enquête, et l'incertitude où
nous sommes qu'on puisse la trouver, un jour en librairie, nous ont déterminé
à la faire annexer, à la fin des *Vignes de l'Avenir,* afin que nos lecteurs puissent
en prendre connaissance. Les faits relatés étaient trop importants pour que
nous ayons crû devoir les laisser plus longtemps dans l'ombre où l'on voulait
sans doute qu'ils demeurassent ! Merci à M. Laliman de nous avoir envoyé ce
rapport et dit que nous pouvions bien le reproduire dans l'intérêt général.

Un peu plus tard, le déposant en fit offre à M. DE JOIGNY (à Floirac, près Bordeaux), qui les planta, et rien, quant à présent, ne fait soupçonner qu'ils soient morts ou malades.

M. DE VÉDRINE, à *Mouchac*, canton de Brannes, reçut de M. Laliman des *Clintons* et des *Delwarres*, des *Isabelles* et des *Catawbas*, qu'il planta, il y a peu de temps; quatre ou cinq ans environ.

Ce propriétaire déclare, dans une lettre à la date du 23 décembre 1872, que ces plants sont en pleine végétation et que loin de présenter des caractères morbides, ils accusent au contraire une grande vitalité.

L'exposant ajoute encore qu'il a envoyé à M. le baron DE PICHON, à Bordeaux, des plants *enracinés* de Delawarre, il y a quatre ans environ, et que ces plants ne souffrent de rien qui puisse révéler la nouvelle maladie de la vigne (*Phylloxera vastatrix*).

M. LAFITTE, propriétaire à *Coutras*, interrogé, répond dans sa lettre du mois d'octobre 1872, que nulle part dans ses vignobles, il n'a vu la trace du passage du Phylloxera, bien qu'il y ait placé, il y a déjà quelque temps (deux ans) des plants américains non enracinés que M. Laliman lui avait envoyés.

M. LATAPIE, maire de Naujan et propriétaire dans le canton de Branne, affirme que les plants de cépages américains réputés comme ne résistant pas à l'action du Phylloxera, et qu'il a reçus de M. Laliman, il y a trois ou quatre ans, sont dans de bonnes conditions d'existence, et que là où ils sont, on ne peut penser au dépérissement d'aucuns cépages indigènes, puisqu'ils offrent la plus belle apparence de végétation.

M. Laliman, dans une seconde déposition, indique M. Blanchet, propriétaire dans la palus de Fronsac, comme ayant reçu de lui des plants américains; il y a environ *six ans* que ces plants d'*Isabelle* et de *Catawba*, provenant de sa propriété de *La Touratte*, n'ont rien d'anormal dans leur existence, que leur parfait état de végétation ne peut inspirer aucune inquiétude sur eux ni sur les autres cépages environnants.

M. DURIEU DE MAISONNEUVE, directeur du Jardin des Plantes, à Bordeaux, dépose qu'il a reçu en 1863, d'envoi de M. DURAND, de *Philadelphie*, une grande caisse contenant des plants américains de diverses espèces et variétés cultivées en Amérique, et que ces plants enracinés ont été cultivés, en petit nombre, dans le Jardin des Plantes, et qu'ils sont aujourd'hui sans aucune indication de Phylloxera.

Le surplus de ces plants, ajoute le déposant, fut envoyé à Dijon, à M. Laval, directeur du Jardin des Plantes de cette ville.

M. Cazenave, propriétaire, dépose que dans son vignoble de *La Réole*

(Gironde), il cultive environ *une centaine* de pieds d'Isabella qui y vivent très bien, et qui n'ont compromis aucun des cépages placés autour d'eux.

M Bouchet, viticulteur à Montpellier, écrit le 2 janvier 1873, à un de nos correspondants, que les cépages américains qu'il a reçus de lui en 1867 et 1868, ne présentent aucun symptôme qui pourrait résulter d'une atteinte du Phylloxera et que ces cépages sont placés dans ses vignobles.

On lit dans l'*Union nationale* (Montpellier 7 mars 1872), une communication qui a été faite à l'Association scientifique de France, par M. Anez. Nous en extrayons ce qui nous a paru offrir quelque intérêt à l'enquête :

« Que l'idée à l'aide de laquelle MM. PLANCHON et J. LICHTENSTEIN » cherchent depuis deux ans à expliquer l'*origine* de l'aphidien, par » son introduction sur les chevelées (plants enracinés) qui auraient » été expédiés d'Amérique à la pépinière de *Tonelle*, à Tarascon, *est une* » *idée invraisemblable*, cette supposition aurait pour conséquence de » doter mon pays d'une triste célébrité, ainsi que le chef bien connu » de cet établissement. » Par ces indications, il est facile de voir que M. Anez ne s'explique pas comment *Tonelle* serait le berceau du Phylloxera, puisqu'à l'époque où la Provence constatait les ravages si considérables occasionnés par cet insecte, *Tonelle en était exempt*. Aucune preuve contraire n'ayant pu nous être fournie et rien de sérieux et de vrai ne nous ayant été dit, nous pensons avec M. Anez, qu'en effet à *Tonelle* cet aphidien n'y était véritablement connu que de réputation.

Mme de Galaup, à Montpouillan (Lot-et-Garonne), écrit le 17 octobre 1872, que les cépages américains, tant en plants enracinés qu'en plants ordinaires qu'elle a reçus directement de la Touratte d'envoi de M. Laliman, il y a sept ou huit ans, se sont parfaitement développés, qu'ils n'ont jamais été atteints de Phylloxera et que les divers petits propriétaires, ses voisins, auxquels elle en a donné, ne se sont pas aperçus que ces cépages aient eu à souffrir d'aucune maladie jusqu'à ce jour.

M. PULLIAT, à Chirouble (Rhône), cultive des cépages américains depuis environ quinze ans et depuis lors il en a reçu en plants enracinés, d'envoi de M. *Berkmanns*, horticulteur aux Etats-Unis (*Augusta*, Géorgie), et l'on sait que pareil envoi a été fait à M. Laliman.

La confirmation de cette déclaration est écrite dans la lettre de M. *Berkmanns*, du 8 juin 1872.

Voici ce qu'il écrit :

« Nous n'avons jusqu'ici aucun vestige de Phylloxera, et le vignoble » de l'Ouest n'en paraît pas attaqué ; ce qui fait que depuis quelques

» temps on n'entend plus parler des terreurs paniques que son apparition
» a eu pour nous. »

Cherchant encore, nous trouvons que M. ANDRÉ LEROY, à *Angers*, si
connu par ses travaux horticoles, en avait également reçu, ainsi que
M. MICHEL, *de Lyon* ; et que tous ces cépages sont aussi bien qu'on
puisse l'exiger pour fonder des espérances sur un bon accroissement et
une notable production.

Il est utile de constater que ces messieurs ont tiré leurs plants enracinés du Jardin d'acclimatation de Paris, qui les avait reçus d'Amérique,
et que chez la personne qui les leur avait adressés, rien pas plus que
chez eux, ne donnait le moindre indice de la présence de l'ennemi dé-
vastateur.

A Bordeaux, M. Catros, pépiniériste, dans sa lettre du 1er décembre
1872, indique qu'il y a cinquante ou soixante ans, son père cultivait
comme plante d'agrément, plutôt que comme vigne, certaines espèces
de cépages américains venus directement de ce pays. Que ces plants ont
parfaitement vécus ; que lui même en cultive, il y a longtemps, et que
jamais il ne s'est aperçu de rien qui puisse attaquer la constitution du
sujet. Il ajoute, en outre, que les plants qu'il a reçus de M. Bouchereau
(château de Carbonieux (Gironde), sont aussi dans le meilleur état
qu'on puisse désirer et qu'il ne peut venir à la pensée de personne, en
en les voyant, qu'ils sont malades ou chétifs.

Les attestions sont si nombreuses, que bien que votre Commission
veuille rétrécir son cadre de déposition, elle ne peut refuser toutes
celles qui lui arrivent de source certaine et qui ne peuvent être mises
en doute.

Nous citerons M. de Vivie, propriétaire à *Castillonnais* (Lot-et-Garonne),
qui déclare dans sa lettre, 24 janvier 1873, qu'il a reçu de M. Laliman,
en plusieurs envois, des cépages américains, qu'il les a plantés et cultivés, partie dans son vignoble et partie dans sa pépinière, et qu'il ne
s'est pas aperçu qu'ils soient sous aucune influence maladive.

Ce correspondant fait remarquer, dans cette même lettre, qu'il en a
reçu de M. BOUCHEREAU, *de Bordeaux*, de M. DURIEU DE MAISONNEUVE,
de M. TOURÉS et de M. ANDRÉ LEROY, que tous ces plants sont absolument dans la même condition.

Le 9 décembre 1871, M. le comte DILLON, propriétaire au château de
Besmeaux, près Auch, écrit que les cépages américains d'envoi de
M. Laliman, de Bordeaux, il y a trois ans, ne paraissent pas atteints de
Phylloxera et qu'il est inconnu dans sa propriété.

M. Castagnet, propriétaire à *Eysses* (Lot-et-Garonne), dans sa lettre du 13 novembre 1872, expose qu'il n'a vu aucune trace de Phylloxera sur les cépages américains *enracinés* qu'il a pris chez M. Laliman, en 1871, et il ajoute que M. Fabre, maire de Savignac et voisin de sa propriété, n'a observé aucune manifestation de la présence de l'aphidien sur les cépages américains *qu'il cultive au milieu de ses vignes, depuis six ou sept ans.*

Quand nous avons cité M. Pulliat, à *Chirouble*, et que nous avons reproduit sa déclaration, il ne nous était pas parvenu un renseignement plein d'intérêt que nous reproduisons en laissant parler le déposant :

« Il y a quarante ou cinquante ans à peu près que M. Tounès, viti-
» culteur à *Machetaux* (Lot-et-Garonne), cultive des cépages américains,
» et il est encore à voir les désordres révélateurs de la présence du
» Phylloxera, *inconnu dans le Lot-et-Garonne.* »

Le même M. Tounès, dans sa lettre du 21 février 1873, indique qu'il a reçu des plants enracinés, de New-York, en 1828, et que ces mêmes plants étaient bien sains, comme ils le sont encore, puisqu'ils n'offrent pas la plus petite indication de maladie.

M. le comte Odard, dont l'Ampélographie est si connue, a écrit à une époque qu'il avait reçu de New-York (1828) des plants enracinés et l'on sait que là où il les a cultivés, rien n'indique la présence du puceron.

Il est aussi notoire que la colonie de Mettray en cultive et qu'elle n'a jamais signalé la présence ni les effets produits par l'aphidien.

Que d'ailleurs M. le marquis de Ridolphi, Florence (Italie), en cultive près de 100 hectares, et qu'il n'a vu ni entendu parler de pucerons (*Phylloxera vastatrix*), dans la partie où il les cultive.

A l'appui de cette déclaration, nous allons reproduire plus loin le passage de la lettre de M. de Ridolphi, où sont très nettement établis les faits avancés par l'honorable comte Odard, qui n'a besoin pour se recommander, de rien autre chose que ses études sur la vigne, qui lui ont valu une place qui restera longtemps dans les souvenirs du viticulteur.

Vérifions la correspondance de M. Nourigat (24 décembre 1872), président du Comice agricole de Lunel : Ce viticulteur, qui cultive depuis longtemps des vignes américaines, déclare que chez lui pas plus que chez les frères Audibert, de Tonelle, on ne rencontre d'indication du Phylloxera, bien que ces cépages soient placés au milieu du foyer d'infection. — Toujours par correspondance, 14 décembre 1872 et 16 janvier 1873, Montpellier : M. Gaston Bazille, président de la Société d'Agriculture de l'Hérault, et M. Marès, affirment que bien que l'on cultive depuis *plus de trente ans* des cépages américains dans l'Hérault, nulle part ces vignes ne présentent des caractères phylloxérés.

M. Dupré de Loiré, président de la Société Départementale de la Drôme, 22 janvier 1873, déclare que dans les contrées vinicoles de son département, il ne croit pas qu'il existe de cépages américains, et cependant la nouvelle maladie de la vigne y a exercé ses ravages.

Ecoutons, ou plutôt lisons la lettre de M. le marquis de Lépine, président de la Société d'Agriculture d'Avignon, 15 janvier 1872.

Ce propriétaire, qui inspire la plus grande confiance, a présidé l'enquête qui a été faite en 1869, et par conséquent a bien acquis des droits au crédit de ses déclarations :

« Je me suis tenu au courant de tout ce qui a été dit sur le Phylloxera,
» et nulle part je n'ai vu la preuve de l'*hypothèse* dont vous me parlez,
» que les vignes américaines auraient introduit le Phylloxera en
» France. »

Est-ce confirmatif ? et peut-on sans argutie essayer une réfutation susceptible de détruire autant ce qui a été dit à Bordeaux que ce qui a été dit en Provence.

D'ailleurs, écoutons M. Pellicot, président du Comice agricole de Toulon, et nous verrons comment se formule son opinion à l'égard des cépages américains.

Dans sa lettre du 25 janvier 1873, nous trouvons le passage suivant :

« Si tant est que les cépages américains soient soupçonnés d'avoir
» introduit le Phylloxera en France, par ce que j'en sais et parce qu'on
» en dit, je suis disposé à pencher pour la négative ; » et il ajoute que l'espèce *Phylloxera vitis* a été découverte, il y a *plus de trente ans*, par les entomologistes Allemands[1] ; il n'avait donc pas besoin de venir d'Amérique.

Nous voudrions pouvoir nous dispenser d'invoquer d'autres témoignages et de vérifier d'autres opinions ; mais nous y sommes obligés à cause de certaines contradictions qui nous paraissent de nature à jeter du trouble dans l'esprit de ceux qui semblent croire que les cépages américains ont seuls introduit la nouvelle maladie de la vigne.

En vérifiant l'époque de son invasion dans la Gironde, le peu de ravage qu'elle y a pu faire, les lieux où de préférence elle s'est établie, la nature du mal occasionné et la prédilection de l'insecte pour les parties de l'arbuste

---

[1] Voyez *Monographie des Pucerons*, Kaltenbach, 1843, et Koch, entomologiste, *Monographie des Pucerons alphidiens*, 1854-57.

atteint, nous avons été conduit à reconnaître, par l'examen que nous avons fait de la propriété de La Touratte, appartenant à M. Laliman, que dans la partie nord la mort a tout moissonné, pendant qu'au midi, bien que peuplé des mêmes espèces et variétés américaines, on remarque un luxe de végétation qui semble défier les causes présumées de la destruction prochaine de nos vignobles girondins.

Nous ne ferons aucun commentaire sur cette constatation, elle est positive et pourra peut-être jeter la lumière sur bien des points de cette grande question qui semble résolue pour un certain nombre, et presque douteuse pour bien d'autres, aussi actifs dans leurs recherches que consciencieux dans leurs observations.

A mesure que nous avançons dans l'enquête, ne trouve-t-on pas dans le langage des déposants, la conviction tirée de leurs observations, et pour en rester convaincus, nous rappelons M. Dupré de Loiré, dont nous vous avons déjà entretenus, et sans nul doute, l'exposé de ce grand viticulteur ne pourra être contesté parce que les leçons pratiques sont toujours profitables à ceux pour qui les théories n'ont jamais fait qu'éclairer des horizons très limités.

Suivant ce praticien instruit, les premières vignes atteintes ont été celles qui ont remplacé de magnifiques bois de chêne vert tombés peu d'années avant sous la pioche des travailleurs.

Il ne faut donc pas, dit l'observateur, attribuer *aux cépages américains* importés *directement ou non*, la cause de la nouvelle maladie de la vigne.

Dans la *Revue scientifique* 1873, M. Heuzé, inspecteur d'agriculture, nie que la pépinière de Tarascon, si peuplée de cépages américains, ait été le berceau du mal, puisque c'est dans l'étang desséché de *Puyaut* que se sont manifestés les premiers symptômes de la nouvelle maladie de la vigne.

Vient ensuite M. Cauzid, président de la Société d'Agriculture du Gard, qui atteste que sa sœur cultive des vignes de cépages américains de provenance de la *pépinière Audibert*, et que bien qu'elle soit entourée de grands vignobles infectés, elle ne connaît pas chez elle le puceron si redouté.

Quand nous avons appelé votre attention sur ce que dit M. Castagnet, dans sa lettre du 13 novembre 1872, nous n'avions pas encore la lettre de M. Fabre, maire de Savignac (Lot-et-Garonne), du 27 janvier 1873.

En voici le contenu :

« Je déclare cultiver depuis huit ans des cépages américains, et n'a-
» voir jamais remarqué sur eux l'indication du Phylloxera.

» Ces plants me provenaient de M. Fabre, à Grades, de M. Ferry, à
» Rastavillac et de M. Tourès, à Machetaux. ».

A Roquemaure, là où l'infection exerce et a exercé ses ravages d'une
manière si désastreuse, M. MARIN, maire de cette commune, dans sa
lettre, 21 janvier 1873, déclare qu'il n'a jamais entendu dire dans son
pays, que les cépages américains ont été atteints, ou ont détruit les
vignes d'alentour.

« Que d'ailleurs, il est constant que chez les frères Audibert, près
» Tarascon, ces mêmes cépages *n'ont pas propagé* le Phylloxera, ni n'ont
» pas été les premiers atteints. »

M. JALLER, à Castillonnès (Lot-et-Garonne), déclare qu'il cultive des
cépages américains parmi des cépages qui composent son vignoble indigène, et qu'il n'a pas remarqué de Phylloxera pas plus que ceux qui en
cultivent comme lui et autour de lui.

Revenons à M. GASTON BASILLE ; malgré ce que nous avons déjà reproduit de lui et sans faire de commentaires sur cette dernière déclaration,
disons néanmoins qu'il serait surabondant de le rappeler sur la scène
des dépositions, pour le succès de l'enquête, contre les soupçons portés
sur l'introduction de la nouvelle maladie de la vigne par les cépages
américains.

Parce qu'il est parfaitement certain, dit le déclarant, « que bien des
» cépages américains ont été depuis longtemps introduits en France
» sans qu'on ait vu de Phylloxera ; nous avons tous dans nos vignes, et
» depuis plus de *vingt ans*, des *Isabelles* et des *Catawbas* qui poussent
» très vigoureusement sans le moindre symptôme de maladie. » (Montpellier, 14 novembre 1872).

Voyons à Dijon, dans ce centre vinicole, où M. Moreau, ancien jardinier-chef au Jardin botanique de cette ville, nous explique comment se
comportent et se sont comportés les cépages américains *enracinés* reçus
directement de ce pays, aussi bien que ceux qu'il a reçus de M. Durieu de
Maisonneuve, de Bordeaux, qui lui fit partager son envoi de Philadelphie
(1863).

Reproduisons les termes de sa lettre à la date indiquée, sans nous
arrêter à ce qui ne peut intéresser la déposition :

« De 1842 à 1858, le Jardin ne possédait que 8 ou 10 variétés,
» *Isabelle, Catawba, Labrusca*, etc.; mais en 1859, M. Fleurot, ayant
» été nommé directeur, fit *venir d'Amérique* une grande quantité de
» variétés, et quelque temps après nous en reçûmes de Bordeaux, d'en-
» voi de M. Durieu de Maisonneuve.

» Toutes ces variétés ont été cultivées jusqu'en 1868 ; depuis cette
» époque, elles ont été un peu délaissées ; néanmoins il y en avait, et il
» y en a encore dans un *centre de vignes européennes, et il n'y a pas*
» *trace de maladie causée par le Phylloxera.* »

Si le travail de recherche est difficile dans cette enquête, le concours
de bien des hommes remarquables nous l'ont rendu agréable par leur
déposition ou leur correspondance. Nous citerons pour exemple le savant
M. Marès, qui dans sa lettre du 16 février 1873, Montpellier, nous écrit
encore :

« Je vous l'ai dit déjà plusieurs fois, pour moi, l'importation du Phyl-
» loxera d'Amérique en Europe, n'est qu'une pure hypothèse que rien
» n'est venu confirmer avec preuve à l'appui. »

Avant cette date, 16 janvier 1873, cet observateur éclairé écrivait :

« Je puis vous assurer, pour ce qui concerne l'Hérault, que depuis
» plus de quarante ans, M. Cazalis Alut, a possédé des vignes américai-
» nes près *Vic* et *Frontignan*, et qu'on n'y a encore jamais vu de Phyl-
» loxera. »

M. Henri Bouchet, qui a des vignes américaines depuis assez longtemps, n'a jamais eu de Phylloxera et il écrit :

« Quant à moi, qui ai dans ma collection de ces vignes depuis quinze
» ans, je n'ai jamais vu de ces insectes chez moi. »

De toutes parts, documents et preuves nous arrivent.

M. Blanc, *de La Lésie*, propriétaire, nous fournit un renseignement
qui n'est pas sans importance, nous le reproduisons en prenant un extrait de sa lettre de Genouilly, par Joncy (Dijon 31 janvier 1873) :

« M. Page, qui possède dans une vigne d'un hectare, plantée en
» *Gamai*, deux à trois cents pieds d'Isabelle, et cela depuis douze à
» quinze ans, n'a pas remarqué la moindre attaque du Phylloxera qui,
» fort heureusement pour nous, est encore *complétement inconnu* dans le
» département de Saône-et-Loire. »

M. Planchon, si répandu par ses beaux travaux sur le Phylloxera,
précise, dans le *Journal d'Agriculture pratique*, du 7 novembre 1872, le
lieu (Gouvinhas), en Portugal, où a commencé l'apparition de la maladie.

Il cite M. Oliveira Junior, comme lui ayant appris que l'introduction
des cépages américains à Gouvinhas était cause de la maladie en Portugal. Il faudrait pour que cette assertion eût une base solide, que ce
savant entomologiste se fut mieux renseigné, et que nous ne puissions
pas opposer à son affirmation précipitée, une preuve tirée des termes
propres d'une lettre ainsi conçue :

« Porto, 22 Février 1873.

» *Je crois que l'insecte n'est qu'un effet, et je ne crois pas à son impor-*
» *tation américaine.*

» Tous les renseignements que je pouvais vous donner, vous les avez
» reçus de M. Lopo-Vaz de Gouvinhas, etc.

» *Signé :* Oliveira Junior. »

Et M. Planchon n'a-t-il pas exprimé et soutenu devant la Société
d'Agriculture de la Gironde, le 27 juillet 1869 (voir les Annales de cette
Société), « que le *Phylloxera a toujours existé dans le pays, et que les*
» *maux qu'il produit aujourd'hui tiennent à des conditions particulières*
» *encore indéterminées, et qu'il ne doute pas que la nature reprenne son*
» *action pondératrice.* »

C'est égal, on veut une origine, un transport, ou si mieux vous aimez
une génération spontanée parce que jamais on n'a vu ni connu dans
notre hémisphère, que l'arbuste à vin rustique et à la fois sensible,
donnât asile sur ses feuilles ou sur ses racines à cet ampélophage qui, à
l'exemple du serpent réchauffé, pique et tue son bienfaiteur.

De ces trois exigences, il en fallait prendre une, celle de l'origine
américaine, paraissant la plus simple, on s'en est emparé, et enfin comme rapprochement on cite la fièvre jaune des Antilles et le choléra de
l'Asie, prenant passage à bord d'un vaisseau, ou placés dans un wagon
sans se montrer jamais dans le voyage, voulant surprendre leur proie là
où ils s'arrêteront pour exercer leurs ravages et la destruction.

Tel serait arrivé le Phylloxera de l'Amérique, inconnu et caché dans
une balle de coton ou les interstices corticales d'une vigne de ce pays,
puis d'induction en induction aurait, dès l'arrivée, pris son essor vers les
campagnes où tout était préparé pour le recevoir dans les vignobles où
il devait s'abattre.

Concilier de pareilles idées avec les faits acquis qui se justifient par
trente-quatre ans de date, depuis la plantation du vignoble Audibert au
jour de l'invasion de la maladie dans nos contrées, c'est dire que ce
puceron a vécu dans un état de léthargie que personne n'osera chercher
à expliquer, et que la raison la plus vulgaire refusera même de contrôler.

Quoi qu'il en soit, n'étant pas de ceux qui disent : qui prouve trop ne
prouve rien, et admettant toujours que l'abondance de bien ne nuit pas,
nous reproduisons un extrait du Bulletin de la Société d'Agriculture de
Vaucluse, 3 octobre 1871, où M. Ribière (Jacques), l'un de ses membres,
affirme qu'il y a une cinquantaine d'années, il a vu des treilles et des
mains courantes en grand nombre dans le jardin de M. Chauffard, près la

porte Saint-Michel, à Avignon, périr à la suite de la *pourriture* des racines, c'est-à-dire que la pourriture de cette époque est le Phylloxera d'aujourd'hui, et qu'il a toujours existé sans préoccuper ni chagriner alors le viticulteur.

L'étude des causes de la maladie ne nous étant pas imposée *dans ce travail*, nous nous réservons de la traiter ultérieurement, et nous revenons à l'enregistrement des dépositions qui doivent faire l'objet de cette enquête.

M. Michel, membre de la Société d'Agriculture de Lyon, dont nous avons déjà parlé, nous informe, par sa lettre du 11 février 1873, qu'il cultive un certain nombre de cépages américains, et que jamais il n'a vu trace de Phylloxera.

M. Fournier, propriétaire dans le Loiret, au château de Domanieux, près Gien, nous écrit à la date du 8 février 1873, pour déclarer qu'il cultive, depuis dix ans, des plants d'Isabelle, reçus de M. Laliman, que ces plants sont devenus des vignes très vigoureuses qui n'ont jamais eu ni Oïdium, ni Phylloxera, et qu'elles n'ont jamais communiqué aucune maladie aux autres vignes situées dans leur voisinage.

M. Gustave Fournet nous écrit du château Raoul, près Créon (Gironde), 5 février 1873, qu'il peut nous donner l'assurance qu'il cultive des cépages américains, Isabelle enracinés, et qu'il n'a jamais vu trace de Phylloxera, que les vignes indigènes qui les entourent, sont loin de présenter des caractères inquiétants.

Enfin, M. Delribal, à Cahuzac (Lot-et-Garonne) ; M. de Pineau, à Ambarès, M. de Comet, à Saint-Loubès, et tant d'autres, dans la Gironde, qui cultivent des cépages américains au milieu de leurs vignobles, attestent que ces mêmes cépages donnés par M. Laliman, n'ont pas de Phylloxera, et que les autres vignes au milieu desquelles ils sont placés, jouissent de la même immunité.

S'il nous fallait reproduire *in-extenso*, les renseignements qui nous sont arrivés de tous les points, nous aurions un volume à faire et ce serait surabondant, cependant, nous ne devons pas vous laisser ignorer certaines déclarations, qui toutes établissent que les cépages américains, non-seulement ne sont pas phylloxérés, mais encore que les cépages indigènes qui partagent le terrain avec eux, respirent la plus belle activité séveuse par le luxe de végétation qu'ils étalent.

M. Geoffroy Saint-Hilaire, directeur du Jardin d'Acclimatation, à Paris, vient de nous fournir son contingent dans sa lettre du 8 février 1873, que nous ne reproduisons qu'en partie :

« Nous cultivons un certain nombre de cépages américains..., et jus-
» qu'ici, nos vignes n'ont pas eu à souffrir du Phylloxera[1]. »

Devant de pareilles attestations d'origine aussi sérieuses, nul doute ne
peut s'établir, et le blâme se change en éloge pour ceux qui les premiers
ont importé les cépages américains dans le but tout prophylactique de
l'oïdium.

Au moment de terminer notre enquête, il nous parvient une nouvelle
communication qui émane du petit-fils et successeur de M. Tourès, pépiniériste à Machetaux, dont nous avons déjà parlé en donnant la déclaration portant la date du 28 février 1873.

Ce déclarant informe que son aïeul a reçu en 1828 et plus tard, des
vignes venant directement d'Amérique, et qu'aucune d'elles ne sont
atteintes de la nouvelle maladie, qu'enfin nulle part où il en a expédié,
lui ou ses auteurs, personne ne s'est plaint que ces mêmes vignes fussent
malades ou mortes. (Voir sa lettre du 24 février 1873).

Si nous examinons les derniers travaux de la Société des Agriculteurs
de France, nous remarquons que, dans leur séance du 14 février 1873,
M. Gaston Bazille, l'un de ses membres les plus actifs, en abordant la
question de la nouvelle maladie de la vigne, hélas ! toujours pendante,
autant sur les causes qui la produisent, que sur les remèdes qui peuvent
la combattre, demande que, s'il est vrai que la submersion hivernale
préconisée par M. Faucon est possible, elle soit mise à l'étude, ainsi que
l'immunité des cépages américains.

Votre rapporteur, poursuivant ses investigations au-delà même du
cercle qui semblait lui être tracé pour remplir le programme, s'est mis
en communication avec M. Edmond Mach, attaché au Ministère de l'Agriculture en Autriche, qui lui a fourni les informations qu'on va lire dans
sa lettre du 16 janvier 1873, d'où nous extrayons ce qui suit :

« On ne peut pas du tout être convaincu que les vignes américaines
» sont la cause de l'importation de la maladie en Autriche, il faut *d'au-*
» *tres preuves* et *d'autres études* pour décider la question. »

Ce fonctionnaire ajoute :

« Nous avons trouvé en vérité les premiers Phylloxeras sur des ceps
» américains ; *mais en même temps ils étaient déjà sur des ceps européens.*»

M. Lopo-Vaz, honorable viticulteur, dont le nom est rappelé par
M. Planchon, dans son travail sur la matière, nous fournit la note sui-

---

[1] Ces cépages sont venus directement d'Amérique dans ces dernières années.

vante dans sa correspondance, à la date du 20 janvier 1873. Gouvinhas (Portugal) [1].

« C'est moi, le propriétaire, qui ai le premier éprouvé dans ce pays
» les terribles effets de la maladie, elle m'a ravagé déjà les vignes qui
» produisaient plus de 5,000 hectolitres de vin.

» C'est vrai que j'eus dans la vigne premièrement attaquée quelques
» ceps américains et des autres greffés avec ce sarment, toutefois, *nous*
» *avons reconnu que déjà en 1862*, quarante ou cinquante ceps indigènes
» séchaient et que ceux replantés à leur place séchaient également,
» tandis que les ceps américains *n'ont été introduits chez moi que de 1863*
» *à 1864* [2]. »

Ce correspondant croit devoir dire que ces cépages ne venaient pas directement d'Amérique, puisqu'il les avait reçus d'un ami qui les cultivait chez lui.

Le Secrétaire général de la Société royale d'Agriculture de Lisbonne, M. Batalla-Reïs, attaché au ministère de l'Agriculture, écrit le 20 janvier 1873 :

« J'ai vu en Portugal, à Regua et au Porto, des vignes américaines ;
» mais je les ai vues complètement libres de la maladie... ainsi que les
» vignes qui les entourent, qui n'étaient pas atteintes dans un rayon de
» 20 kilomètres de Regua, et de plus de 48 de Porto.

» J'ajoute que dans la commune de Regua il y a des vignes d'origine
» américaine qui ne sont pas encore attaquées, tandis qu'il y a des vi-
» gnes indigènes qui sont mortes. »

Ce déposant déclare que les vignes américaines n'ont été introduites chez M. Lopo-Vaz de Gouvinhas qu'un an après l'invasion de la nouvelle maladie de la vigne.

Sur d'autres points de l'Europe, en Hanovre, MM. Schiebler et Sohn, directeurs de la pépinière de Celle (Hanovre), écrivent à la date du 21 février 1873, qu'ils ont reçu en 1868, et directement d'Amérique, du docteur Siedhof, des plants enracinés de divers cépages américains qu'ils ont partagés avec M. le baron Babo, à Klosternaburg, près Vienne, qu'ils ont placé ces plants dans leurs jardins, et qu'ils n'ont jamais vu de

---

[1] L'endroit indiqué par M. Planchon comme berceau du Phylloxera en Portugal.

[2] M. Lopo-Vaz pense que la maladie des châtaigniers et des orangers est, en Portugal, de même nature que celle qui nous occupe. Il dit avoir constaté dans ses vignes la destruction des amandiers et des figuiers.

trace de Phylloxera ni sur ces plants, ni sur ceux produits par boutures.

Pour la confirmation de ces faits, nous extrayons d'une nouvelle lettre de M. Ed. Mach, à la date du 30 janvier 1873, un passage où nous trouvons qu'en effet, M. le baron Babo, a reçu du directeur du Jardin de Celle (Hanovre), les plants dont il s'agit, d'où il résulte que le reproche fait aux cépages américains, comme étant les introducteurs de la nouvelle maladie de la vigne en Autriche, se trouve singulièrement atténué par ces documents qui ne peuvent inspirer le plus petit doute.

En Italie, à Florence, M. le marquis de Ridolphi, ayant eu à souffrir de l'oïdium, conçut l'idée d'introduire les cépages américains qui, fort heureusement, lui ont résistés, comme aussi aux rigueurs des gelées, qui ont détruit un grand nombre des cépages du pays.

Dans sa lettre de Florence du 5 janvier 1873, ce propriétaire écrit qu'il récolte environ 400 hectolitres de vin américain et qu'il ne connaissait pas le Phylloxera, ses vignes étant belles et vigoureuses, sans aucune indication de maladie et qu'elle est inconnue en Italie.

De toutes parts nous sont arrivés des renseignements écrits et signés, et pas un n'est venu indiquer que les cépages américains en général sont malades et qu'ils ont contribué à compromettre les vignes européennes au milieu desquelles ils sont placés.

Malgré ces nombreuses attestations fournies par le concours de savants, d'observateurs et de viticulteurs qui nous ont aidés dans nos recherches, il a paru utile à votre Commission de se transporter au Jardin botanique de Bordeaux, ou M. Durieu de Maisonneuve, son directeur et notre honorable collègue, nous a dirigé pour nous présenter plusieurs variétés de cépages américains, *Catawba*, *Clinton*, *Vitis monticula* et autres, dont le bois était sain et ne présentait aucun caractère révélant les attaques du Phylloxera

Les racines vérifiées ont donné les mêmes résultats, et tout fait espérer que ces plants de vignes de plusieurs années d'existence venus directement d'Amérique (d'envoi de M. Durand, de Philadelphie), vivront longtemps et produiront beaucoup.

Après cette visite, votre Commission s'est dirigée chez M. Catros-Gérand, jardinier-pépiniériste, à Tivoli.

Cet honorable horticulteur, qui inspire toute confiance par son grand âge, a déclaré qu'il cultivait depuis plus de quarante ans, des cépages américains au milieu de vignes européennes, et qu'il ne s'était jamais aperçu qu'elles fussent atteintes du Phylloxera.

Conduite sur les lieux où elles sont placées, votre sous-Commission a pu reconnaître que le système supérieur et inférieur de la plante, était tout à fait indemne du Phylloxera et d'aucune altération pathologique ainsi que les cépages indigènes placés autour de ces vignes américaines.

Pour compléter le travail dont vous avez bien voulu nous charger, nous empruntons au *Bulletin des Séances de la Société Centrale d'Agriculture de France*, troisième série, T. VIII, séance de novembre 1872, les lignes suivantes :

« Quant à ce qui concerne le Phylloxera, les opinions, ainsi que » M. Baral l'a déjà dit, sont très diverses dans le département de l'Hérault.

» La Commission officielle n'a pas émis d'opinion définitive ; elle est » encore dans la période des études et des expérimentations, une ques- » tion importante et en quelque sorte préjudicielle à résoudre : les viti- » culteurs se demandent qu'elle est l'origine du Phylloxera : quelques- » uns disent qu'il vient d'Amérique et accusent même MM. Laliman et » Chaigneau de l'avoir introduit ; c'est une accusation légèrement portée » et à laquelle il est facile de faire une objection victorieuse en disant » que la collection des cépages américains du *jardin du Luxembourg*, et » du comte Odard, n'ont pas été attaqués par le Phylloxera. »

Il nous reste à dire qu'il est démontré par les recherches faites par M. Riley (le savant entomologiste américain), que l'état normal du pu- ceron de la vigne en Amérique, est de vivre sur les parties foliacées de la plante (*Phylloxera gallicole*), tandis qu'en France il n'y a été que très accidentellement constaté et encore ses qualités physiques ne sont pas d'une absolue ressemblance avec celui des racines (*Phylloxera radici- cole*) où il est toujours.

Qu'enfin ses mœurs, ses habitudes et ses appétits sont différents, puis- qu'en Amérique les cépages qui y résistent le plus succombent souvent en France. Tel que le *Concord*.

Nous ne pouvons donc pas admettre une identité parfaite entre les Phylloxeras d'Amérique et ceux que nous avons en Europe, parce que ce serait méconnaître d'abord les influences climatériques et enfin le genre d'habitat et de nourriture ensuite ; et de plus, ce serait oublier très vo- lontairement que, s'il est vrai que ce puceron est d'origine *américaine*, il est certain qu'il doit s'être modifié par les lois naturelles de la suc- cession répétée des parentés malgré l'éducation la mieux comprise et la connaissance approfondie du mariage des races entre elles qui tendent toutes, on le sait, à disparaître par ces causes.

Et d'ailleurs y aurait-il identité, ce ne serait pas un certificat d'origine, puisque les Américains prétendent l'avoir reçu de nous !

Revenons à une autre indication, et ce sera la dernière :

On lit dans le *Patent Office*, qui publie annuellement un rapport sur l'Agriculture, qu'en 1870 comme en 1871, on a bien trouvé dans certains Etats de l'Union, des pucerons sur les feuilles, mais on a cherché vainement sur les racines, notamment à Washington.

Cependant, dans le Missouri, l'*Aphidien* a été trouvé sur les feuilles et sur les racines ; quoi qu'il en soit, il n'est pas un auteur qui puisse affirmer qu'il ait jamais pu donner souci de ses ravages soit au Nord, soit au Sud, là où on peut cultiver la vigne. Comment donc, ces mêmes cépages qui résistent dans un hémisphère, succombent-ils presque tous dans l'autre, par la présence du même habitant qui occupe ses racines et presque jamais ses feuilles en Europe.

Après ce long exposé, M. le docteur Plumeau, persuadé que la nouvelle maladie de la vigne, ne peut être que d'origine américaine, et que d'ailleurs il entend le justifier devant votre commission, malgré les innombrables faits que nous venons de signaler, demande qu'il soit observé que la nouvelle maladie de la vigne a débuté dans la Gironde, dans les propriétés de MM. Chaigneau et Laliman (palus de Floirac, près Bordeaux), et que tout semble indiquer qu'il ne peut en être autrement, puisque MM. Chaigneau et Laliman ont planté des cépages américains avant l'invasion de la maladie, et qu'ils ont reçu ces plants d'Augusta (Géorgie), d'envoi de M. Berckmanns, en 1864 et 1865.

M. Laliman proteste contre ces affirmations et produit une lettre de M. Berckmanns, du 7 août dernier, où ce correspondant déclare qu'à cette époque le Phylloxera était inconnu en Géorgie [1].

Il proteste en outre contre l'idée inexacte de ceux qui attribuent à sa propriété et à celle de M. Chaigneau le point de départ du Phylloxera dans la Gironde quand ils ne peuvent fournir que des suppositions hasardées.

M. Laliman ajoute qu'il est en outre à la connaissance de tous ses voisins et de tous ceux qui à titre officiel ou officieux ont visité ses vignobles, que ce sont précisément les cépages d'origine américaine qui ont été les derniers attaqués et qui ont résisté le plus longtemps à la

---

[1] Les plants qu'il a adressés à M. Laliman, sont de la provenance de ses pépinières.

nouvelle maladie et qu'il y en a encore quelques-uns qui sont entièrement indemnes.

Il croit donc qu'il ne doit pas s'arrêter davantage sur l'observation de M. le docteur Plumeau, ayant déjà indiqué qu'en plantant à la Touratte (chez lui), des cépages américains, il exploitait la propriété appartenant aujourd'hui à Mme Barrousse et à M. Raba, *qui n'ont pas à se plaindre du Phylloxera, puisque leurs vignes ne sont pas malades, bien qu'il eut planté dans ces propriétés les mêmes cépages américains de même origine.*

M. Laliman, ne pouvant accepter l'affirmation si hasardée de M. Plumeau, croit devoir faire observer qu'il a fait venir du Midi, presqu'en même temps que les cépages américains, des *Mourvèdres* et des *Alicantes* qui ont été les premiers attaqués chez lui.

Nous pensons de ce qui précède, qu'il résulte que l'origine du Phylloxera n'a pu être encore constatée et qu'il ressort des déclarations fournies à l'enquête autant par écrit que verbalement :

Que cet *Aphidien pouvait être et pouvait exister* dans les couches du sol où la vigne où tous autres végétaux existent ; mais que rien jusqu'alors n'ayant obligé les viticulteurs et les hommes de la science à visiter scrupuleusement les racines de la vigne et ses feuilles, ces insectes étaient ignorés, là où aujourd'hui on croit qu'ils font pâture des premiers sucs reçus par la vigne, et qu'ils la tuent ;

Que pour qu'il fut exact de dire que le Phylloxera est d'origine américaine, il faudrait établir d'abord que son apparition coïncide avec la date de l'importation de cépages américains, alors qu'il est établi que sur bien des points de la France, même à l'étranger à des dates très antérieures à l'invasion de la maladie, on cultivait les cépages américains, et que pas un insecte de ce genre ne s'était révélé ni aux feuilles, ni aux racines de la vigne, qui n'accusait aucune maladie semblable ou en était morte.

D'où il faut conclure que l'étude de la nouvelle maladie de la vigne a besoin d'être encore poursuivie et que la question d'origine américaine doit, quant à présent, être écartée.

BIBLIOGRAPHIE

A consulter pour la Maladie de la Vigne
et les Cépages des États-Unis

DUMAS. — Mémoire sur les Moyens de combattre l'invasion du *Phylloxera*. 1874.

BALBIANI. — Sur le *Phylloxera* ailé et sa progéniture (Comptes-rendus) Académie des sciences, 1874.

V. SIGNORET. — *Phylloxera vastatrix*, hémiptère homoptère de la famille des aphidiens; 1869.

M. CORNU. — Études sur la nouvelle maladie de la Vigne, 1872, 1873, 1874 (Rapports à l'Académie des sciences).

J.-E. PLANCHON. — Le *Phylloxera*, faits acquis; 1872. — Les *Vignes américaines*, leur culture, leur résistance au *Phylloxera* et leur avenir en Europe.

LICHSTEINSTEIN. — Le *Phylloxera*, faits acquis; 1872.

Maurice GIRARD — Le *Phylloxera* de la Vigne, son organisation, ses mœurs; 1874.

L. LALIMAN. — Coup d'œil agricole et social; Réformes viticoles; Cépages indigènes de l'Amérique; 1860. — Taille de la vigne à cordons; Cépages et vins américains (Congrès scientifiques de France), 1861, 1863; Librairie agricole. — Études sur les divers *Phylloxeras* et leur médication; 1871. — Documents pour servir à l'histoire de l'origine du *Phylloxera*; appendice à l'Enquête officielle.

Wals et Riley. — *Pemphygus, Actylosphœra vitifoliœ, aphis vitis;* 1856, 1865.

Marès. — Rapport sur les procédés de guérison appliqués au Mas-de-Las-Sorres; 1874.

C. Ladrey — Congrès internationaux (*Messager agricole du Midi,* 2ᵉ série, tome V, nᵒˢ de décembre 1874).

Bouschet. — Cépages américains et greffe (*Journal de l'Agriculture,* dirigé par M. Barral, novembre et décembre 1874).

Cl. Prieur. — Étude sur la viticulture et sur la vinification dans le département de la Charente.

J. Guyot. — Culture de la vigne et Vinification.

Cᵗᵉ Odard. — Ampélographie universelle ou Traité des cépages les plus estimés.

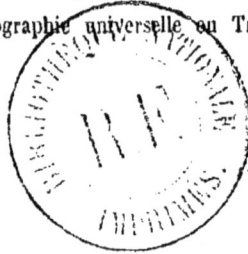

TABLE DES MATIÈRES

ERRATA

Page 10, ligne 4, lisez : Æstivalis, au lieu de : OEstivalis.
» 12, » 27, » viticole, au lieu de : viticole.
» 13, » 9, » émettre, au lieu de : exposer.
» 19, » 12, » sauvignon, au lieu de : souvignon.
» 38, » 1, » présentent, au lieu de : offrent.
» 41, » 10, » supposition, au lieu de : pure hypothèse.
» 41, » 17, » l'aient introduit, au lieu de : l'avaient introduit.
» 49, » 15, » Scuppernong, au lieu de : Seuppernong.
» 53, » 18, » Klosterneubourg, au lieu de : Klosterneubeurg.
» 64, » 12, » ne suffit pas pour introduire, au lieu de : etc., n'introduiront pas.
» 64, » 19, » ne sait point, au lieu de : saura peu ou point.
» 97, » 5, » affirmations, au lieu de : dires.
» 97, » 13, » constatons, au lieu de : contestons.
» 107, » 16, » qualité, au lieu de : résistance.
» 146, » 4, » longuement, au lieu de : largement.
» 151, » 1, » des uns aux autres, au lieu de : unes aux autres
» 171, » 1, » avons désignés (page 169), au lieu de : venons de
désigner.
» 177, » 13, » ce moyen-là, au lieu de : cette transformation.
» 180, » 13, » produit, au lieu de : donné.
» 188, » 7, » qu'on les utilise, au lieu de : qu'on veuille s'en servir.
» 192, » 6, » les uns à la place de l'autre, au lieu de : les uns à la
place des autres.
» 195, » 9, » plusieurs vignes américaines déjà décrites, au lieu de ·
la production de quelques vignes américaines dont
il a été déjà question.
» 196, » 3, » Amérique. Avant l'apparition, au lieu de : Amérique,
avant l'apparition.
» 200, » 10, » il a, au lieu de : son vin a.
» 235, » 14, » entre 5 et 7, au lieu de : entre 1 et 7.
» 241, » 19, » limitent, au lieu de : imitent.
» 242, » 5, » zône, et ainsi, au lieu de : zône. Ainsi.
» 242, » 10, » préalablement, au lieu de : prélablement.
» 246, » 10, » travail, au lieu de : service.
» 249, » 7, » font, au lieu de : fait.

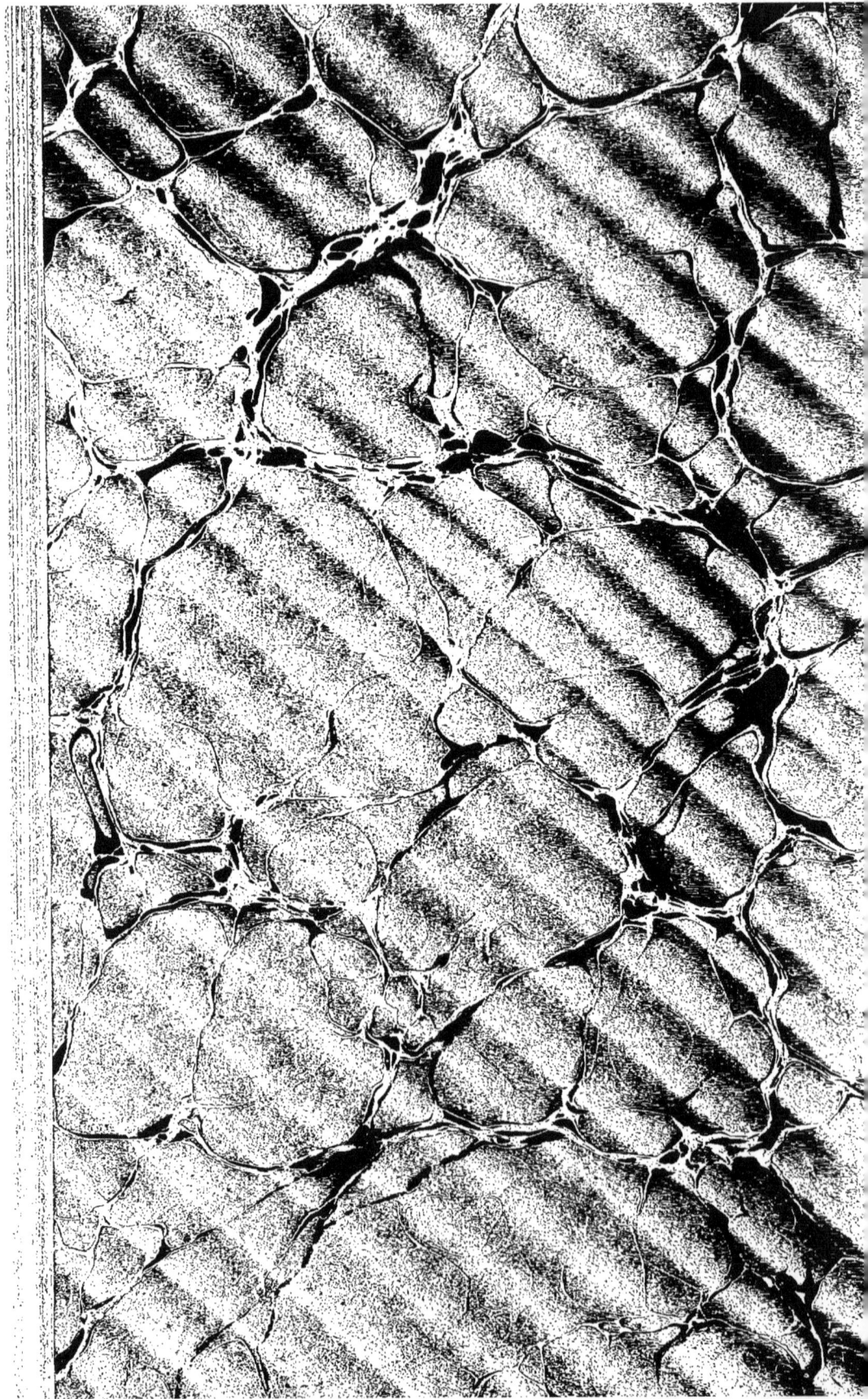